做个
内心强大的
女人

肖卫

著

苏州新闻出版集团

古吴轩出版社

图书在版编目（CIP）数据

做个内心强大的女人 / 肖卫著. -- 苏州 ：古吴轩
出版社,2024.1
ISBN 978-7-5546-2244-5

Ⅰ. ①做… Ⅱ. ①肖… Ⅲ. ①女性－成功心理－通俗
读物 Ⅳ. ①B848.4-49

中国国家版本馆CIP数据核字（2023）第238542号

责任编辑： 顾　熙
见习编辑： 张　君
策　　划： 花　火
装帧设计： 尧丽设计

书　　名：做个内心强大的女人
著　　者：肖　卫
出版发行：苏州新闻出版集团
　　　　　古吴轩出版社
　　　　　地址：苏州市八达街118号苏州新闻大厦30F
　　　　　电话：0512-65233679　　　邮编：215123
出 版 人：王乐飞
印　　刷：唐山市铭诚印刷有限公司
开　　本：670mm×950mm　　1/16
印　　张：11
字　　数：115千字
版　　次：2024年1月第1版
印　　次：2024年1月第1次印刷
书　　号：ISBN 978-7-5546-2244-5
定　　价：49.80元

如有印装质量问题，请与印刷厂联系。022-69236860

序言
preface

　　一位作家父亲曾给自己的孩子写过一封信，信里面说：我希望你好好学习，不是希望你以后能有多大作为，而是因为只有这样，你以后才能拥有一份有尊严的工作，才能有尊严地活着。身为女人，同样如此。让自己变得强大，这样你就可以自己掌控自己的命运，不必委曲求全。

　　有些女人原本过得挺好的，但是因为丈夫的一句"你太辛苦了，别工作了，我养你"而感动得一塌糊涂，安心在家做起了全职太太，每日绕着孩子和家务打转，无心管理自己。时间久了，夫妻矛盾激增，难以沟通，最终以离婚收场。实际上，这些女人是由于太依赖别人而失去了自己。殊不知，依赖别人是最让人没有安全感的。只有自己强大了，别人才会尊重你；只有活出自己的精彩，才能吸引更优秀的人欣赏你。

目 录
contents

第一章

女人别让自己输在不会说话上

语言作为工具，对我们之重要性，正如骏马对骑士的重要性。最好的骏马适合于最好的骑士，最好的语言适合于最好的思想。

01

把话说得漂亮，也是一种能力

我们时常会听到人们议论某某说话不中听，不会聊天，是"冷场王"。同时，我们也会听到有人这样说："真奇怪，虽然她看上去很普通，但是跟她交谈让人感觉很舒服。"

生活中，有些女人看似普通，可为什么还会拥有良好的人缘、成功的事业和令人羡慕的家庭呢？她们的好运气当真是上帝赐予的吗？事实当然不是这样的。事实是，会不会说话是一个女人能否活得漂亮的关键之一。

优雅的谈吐是女人需要拥有的能力之一。不管你的妆容多么精致、服饰多么华丽，如果不会说话，那么所有的装饰都会黯然失色。

张笑笑性格开朗活泼、平易近人，然而她说话却不像她的性格那样潇洒大方。笑笑情商不高，反应慢，如果你突然问她一个问题，她在短时间内总是回答不上来。

比如你问笑笑："笑笑，最近去哪儿玩了啊？"她会想半天然后告诉你："去哪儿玩啊……没有去哪儿啊……""笑笑，推荐一些好听的音乐吧。""这……音乐啊……一时之间想不起来……""笑笑，你工作找好了吗？""我……还没……"

很多人都以为笑笑口吃，其实她只是喜欢宅在家里，不知道如何和别人打交道而已。笑笑其实也想健谈一点儿，于是在家里来客人时，便主动去陪客人聊天，但是她常常问一些让客人尴尬的问题，弄得大家都比较尴尬，只好作罢。

如果能一辈子宅在家中倒也还好，但是人要生存，要工作，很多事情都需要与人打交道。在求职的时候，不会说话的笑笑可真没少碰壁，最后好不容易找到了一份工作，却因为平日里不怎么会说话，也不喜欢说话，工作时常常遇到难以解决的问题。

"唉，为什么我的嘴这么笨？如果我能像电视里的那些主持人一样口若悬河就好了。"每当看到电视里那些主持人妙语连珠的时候，笑笑都要自怨自艾一番。但是，光抱怨自己也没用，下一次跟别人聊天的时候，她依然会接不上话，最后只能装哑巴。

善于言谈的能力需要后天的培养。许多女人与人交谈的时候都跟笑笑一样，常常觉得无话可说，于是就抱怨、哀叹自己天生不会说话，或者埋怨自己太胆小。其实，优雅的谈吐并不是天生就具备的，也不是说胆子足够大就可以拥有的，优雅的谈吐是要有足够的底蕴作为基础的。如果脱离了这个根本，那么言谈就会成为"无源之水、无本之木"，淡而无味，哪里还有言谈的魅力呢？

写文章讲究"读书破万卷，下笔如有神"。其实说话和写文章是同一个道理，只有自己眼里看的东西多了，心里装的东西丰富了，有了自己独立的思想，才能够信手拈来，说出有水平、有见解、有说服力的话。

知识、阅历、情感、生活等都能丰富一个女人的内心，这些"养分"是思想的源泉，浸润着女人的气质，提升着女人的品位。所以，平日里我们应该多关注生活，多看书，关注新闻和社会动向，以此来增加谈资。

另外，我们都喜欢和能理解我们的人说话，因为他们不只是关心我们所说的内容，也关心我们内心的感受。当你告诉别人你换了新工作时，你会希望对方说："棒极了！"而不只是一句："噢，真的吗？"

所以，我们在和别人交谈的时候，尽可能地站在对方的立场上去思考，去理解对方，关心对方内心的需要与渴望。归纳对方说的重点，并加以重复，这样能让对方了解自己确实理解了他所说的话。要是能够做到这一点，对方就能感到你与他产生了共鸣，并且接受你给予的回应，与你进行深入的情感交流。

最值得我们注意的是：与人交往时，说话的第一要义就是要让人听得懂、听得透，让他人明白你的用意。"言不在多，达意则灵。"在语言的表达上，应当力求简单明了，言简意赅地表达自己的观点和看法，切忌喋喋不休。这样不仅能提高办事效率，还可以体现你干净利落、精明强干的作风。

所以，讲话简练有力，能使人不减兴味；冗词赘语，不得要领，必令人生厌。语言需要灵活运用，但更需要简洁明确、表达无误，这样才有利于双方顺利地进行交流，也更容易使你在别人心中留下好印象。

总之，会说话，会让你的生活更精彩。把说话技巧练好，是每一个女人值得去做的一件事情。

02

巧用口才经营自己的人生

不得不说，不会说话真的会让我们在生活中遇到很多不如意的事，会常常让自己陷入不愉快的境地。口才好的女人，可以巧妙地用语言解决生活中的矛盾，与他人更好地沟通；而一个不会表达的女人，可能会把一个并不难解决的问题复杂化，甚至造成更大的误会，给自己的工作和生活带来许多不必要的麻烦。

比如：当受了委屈和被别人误解之时，不会说话的女人通常不能及时为自己澄清，忍气吞声的后果轻则让自己郁闷，不利于身心健康，重则为别人背黑锅，失掉自己的信誉与人脉；当别人开一些不太善意的玩笑时，不会说话的女人通常不知道如何应对，即使知道很过分也只会傻笑，时间久了，在别人的眼里就成了软弱、好欺负的对象；当别人提出一些无理的要求时，不会说话的女人通常不知道如何拒绝，最后只能委屈自己去做那些不属于自己分内的事儿……

拥有一副好口才是现代女性一定要具备的本领。假如你懂得将这种本领得心应手地运用在你的生活与工作之中，你会发现你比想象中更受欢迎、更优秀。更为奇妙的是，曾经感到束手无策的诸多问题，现在轻易就可以得到他人的热心相助。你的生活将处处充满灿烂的阳光，事业会更加顺心如愿。

社会上的成功女性，大多拥有非常出色的社交能力，她们的真知灼见能给人深邃、精辟、睿智之感，她们的气度和智慧足以感染他人。

王凌看上去很普通，但是她是个性格活泼、热情的人。有一次，她参加同学聚会，一个同学无意间向她提起，某商场正在准备设立一个饰品柜台，具体工作由他负责。说者无心，听者有意。王凌到商场看了一下，准备设立柜台的地方在商场的位置极佳，可谓寸土寸金。

王凌立即找到那个同学，告诉他自己想承租。王凌的同学不放心，因为在此之前王凌从来没做过饰品行业，更没有丰厚的家底。王凌告诉那个同学，其实自己是某饰品厂家的代理人，铺货是免费的。

同学勉强同意让王凌试试。王凌立即联系了自己精通饰品生意的好朋友，说自己在一个很不错的商场租了柜台，销售绝对没有问题，只要免费铺货，她保证大家都有钱赚。朋友对王凌非常信赖，不但答应给她免费铺货，还给她推荐了几个很有经验的销售人员。

营业后，果然大家都赚到了钱，王凌这个饰品新手也成了一个响当当的小老板。

事实证明，现在的社会是一个充满竞争与合作的社会，为什么有的人在竞争与合作中失败，有的人却能够成功？这与每个人的沟通能力是分不开的。大多数成功的人都是能言善辩的，而不成功的人大多不怎么会说话。在现代生活中，是否善于把握交谈的内容和时机，是否懂得交谈的艺术，能够直接或间接地影响一个人事业发展的好坏。

所以，每位女性都应不断地培养自己的口才，掌握使双方都有兴趣的交谈技巧，并及时根据对方的面部表情和动作等各种反馈信息来调整自己的讲话内容和节奏，最终达到与他人顺利沟通、交流的目的，使自己成为"会说话"的女人。

03

女人会说话，更能接近幸福

社会学家们经过研究发现，生活中过得幸福的女人有一个共同的特点，那就是会说话。这里的"会说话"并不是指说个不停，而是指与人交谈能够收放自如，把话说到别人的心坎上，让听者感到心情愉悦，愿意与之交谈。

刘恰恰跟丈夫结婚有七年了，但是他们的婚姻生活在这七年当中并没有发生大的变化，还是和刚结婚时一样甜蜜，很大程度上是因为刘恰恰有一张会说话的巧嘴。

刚结婚时，生活的变化让刘恰恰每天忙得不可开交，让她感到力不从心，她也一改以往温柔的脾气，开始与丈夫激烈地争吵。日子久了，刘恰恰逐渐认识到，吵架并不能解决问题，反而会让他们的关系更加紧张。于是，刘恰恰慢慢地学会了压制自己的怒火，学习说话的艺术，打算用语言的魅力来解决婚姻生活中的摩擦与分歧。

此后，刘恰恰再有什么事情时，都会用温婉的态度、询问的语气来和丈夫商量。当丈夫在工作上遇到什么困难时，刘恰恰会及时鼓励丈夫，并帮助他一起寻找解决办法。刘恰恰还经常和丈夫谈心，知道丈夫在想些什么，也借此让丈夫了解自己的想法。说话时，刘恰恰用询问的语气，这会让丈夫感觉自己很受尊重。他们二人之间的互动、关怀一直持续到了现在，这也使得他们的婚姻一直甜蜜如初。

刘恰恰婚姻生活幸福甜蜜的秘籍之一就是她非常会说话，懂得沟通对婚姻的重要性。生活中，一句无心之言就可能在别人的心底埋下一颗隐患的种子。如果我们不注意自己的措辞，不小心种下了这颗种子，那么等到这颗种子生根、发芽，我们与对方的关系就越来越远。

事实证明，简单的一句话有无穷的力量，甚至会影响一个人以后的生活。因此，女人们应该重视语言的力量，学会说话，用语言来营造幸福生活。

04
会说话的女人走到哪里都受欢迎

在日常生活中，如果你以不合适的方式、态度同别人交谈，那么你肯定是不会受欢迎的。会说话的女人之所以受人欢迎，是因为她能够根据不同的场合、不同的人物，变换自己说话的语气和方式。

《红楼梦》里的王熙凤就是典型的代表人物。她非常善于察言观色，经常是对方的话还没有说出口，她便已经猜到了。这样的例子有很多。

在林黛玉刚进贾府时，王夫人让凤姐别忘了拿料子给黛玉做衣裳。凤姐立刻回答："这倒是我先料着了，知道妹妹不过这两日到的，我已预备下了。"由此可见王熙凤的八面玲珑。她对同一件事的说辞也能随时变化，说得入情入理，让人听了欢喜。

邢夫人要讨老太太身边的鸳鸯，便先来找凤姐商量，说老爷想讨鸳鸯做妾。凤姐一听，忙说："依我说，竟别碰这个钉子去。老太太离了鸳鸯，饭也吃不下去的……老爷如今上了年纪……放着身子不保养，官儿也不好生作去……太太别恼，我是不敢去的。明放着不中用，而且反招出没意思来。"

凤姐先是如此说，觉得这件事根本就行不通，但是邢夫人却听不进去，非常不高兴，冷笑道："大家子三房四妾的也多，偏咱们使不得？"意思是要个妾有什么不可以，老太太也未必好驳回，你倒说起不是来了。

凤姐见状立即改口，赔笑道："太太这话说得极是。我能活了多大，知道什么轻重？想来父母跟前，别说一个丫头，就是那么大的活宝贝，不给老爷给谁？"这一番话说得邢夫人又欢喜起来，同样是讨鸳鸯这件事，一正一反的两番说辞，同出于凤姐之口，居然都合情合理，这种机变之速让人叹服。

而作为一名现代女性，也需要学习凤姐这种察言观色的本领。除了根据说话对象的不同来确定自己说话的方向，还要注意观察周围的情况，避免说出不合时宜的话来。

一个人的形象代表着说话的可信度，因此要做到衣饰恰当、举止大方、谈吐自然得体、眼神专注、表情沉稳等，还要学会了解对方。

"凡事预则立，不预则废。"所以说话前，你有必要仔细地考虑下列问题：你要对谁讲？将要讲什么？为什么要讲这些内容？怎么讲？有什么有利因素和不利因素？怎样处理？等等。

05

远离消极的口头禅

消极的口头禅是指我们在说话时养成的一些不好的习惯性用语，通常会在不经意间说出口。正是因为这种不经意，非常容易让我们说出一些在不知不觉中伤害到别人的话，同时也给自己制造了很多麻烦。显然，这种麻烦比刻意伤人更加严重，因为刻意伤人我们知道要去避免，而无意的伤人可能会在不知不觉中发生，所谓"不知道有什么问题才是最严重的问题"。

郑小菲是一个性格极其强势的白领丽人，做事风风火火，雷厉风行。跟她接触久了你就会发现她有一句消极的口头禅——"懂吗？"。

不管面对的是自己的晚辈、同辈还是上司，郑小菲在交谈的时候都会不自觉地在句尾加上这句口头禅。

一次，郑小菲到上海总部开会，与会人员基本都是公司的中高层。郑小菲作为北京分公司的代表在会上讲话。无可否认，郑小菲的见解与眼光都让人无可挑剔，但是她在说话期间常常伴随着"懂吗？"这个问句，这让领导直皱眉头。

会议结束后，一位领导立即指出了她的口头禅的问题。后来，郑小菲经过仔细思考，发现这个口头禅确实为自己带来了不少麻烦。因为"懂吗？"的潜台词很容易让别人误解她是一个狂妄自大的人，在公司领导和前辈面前说这样的话也显然是不合时宜的。后来，郑小菲成功改掉了这一口头禅，与人交流的阻力减小了不少。

消极的口头禅是讲话艺术当中的一大禁忌，因为这些口头禅总是会让我们在不知不觉中得罪人，同时也会让我们的讲话能力受到质疑，影响我们的个人魅力。因此，我们如果经常说口头禅，那么不要把它当成个性，而是要把它当成毛病，尽快改正。

比如我们常常喜欢说："我不是早就跟你说过了吗？"这句话是对对方的一种否定，含有责怪的语气，很容易引发与对方的正面冲突，尤其是话中隐含"为什么你连这点儿事都不懂"的贬低对方的意思，所以绝对不能使用！

另外，"明明……"这样的句式在生活中出现的次数也很多。"明明"后面紧接的话大多是抱怨。例如："明明我这么努力了，却总是得不到我想要的。""明明我是为他好，他却都不明白。""明明我的观点是正确的，周围的人却都不懂。"这样的话是不是非常耳熟呢？有谁会觉得一个只会发牢骚的女人是有魅力的呢？

此外，口头禅还包括一些不自觉的重复用语，比如在句首说"嗯""这个""然后"等，或者在句尾出现"对不对""是不是""没问题吧"等。很显然，这些口头禅是为了弥补我们的思维空白，方便自己进行表述，我们并不会在主观上感到不妥。但是在别人看来，这类口头禅是一种非常别扭的讲话习惯，同时也会让他人对我们讲话或者思考的能力留下糟糕的印象。对此，我们有必要进行一些专门的讲话技巧练习。

总而言之，从我们口中说出的每个字，都会传递我们内心的信息，不管这些信息的传递是有意识的还是无意识的。因此，我们必须对自己口中说出的每个字负责，哪怕只是一个轻声字，也要仔细斟酌再说。唯有如此，我们才能提高语言表达能力，彰显自己的魅力。

第二章

女人日常生活中圆融的说话之道

在说话的时候，语汇并不是最重要的，最重要的是说话的时候是否幽默与有情趣。

01

好话还是歹话，关键看你怎么说

　　会说话的女人说出来的话总是能让人高兴地接受，听着让人心里舒坦。比如，两个女人说同样一件事，其中一个说："她的五官很精致，但是有些胖。"另一个则说："她有些胖，但是五官很精致。"这两种说法，你更喜欢哪一种呢？

　　由此可知，只要稍微改变一下说法，即可产生完全不同的效果。又比如，高铁上售卖以鸡肉或牛肉为主的两种套餐，大部分乘客选择了鸡肉套餐，导致牛肉套餐剩了很多。

　　此时，如果乘务员说："对不起，鸡肉套餐只有几份了，牛肉套餐还有很多，您要尝一尝牛肉套餐吗？"乘客会觉得自己买到的是别人挑剩下的。

但如果乘务员换个说法，说："车内提供的牛肉套餐是用优质的牛里脊制成的杭椒牛柳，口感滑嫩；鸡肉套餐是普通的咖喱鸡。您要尝一尝牛肉套餐吗？"这样说，乘客会不会觉得牛肉套餐更好吃了？

再比如，有个同事正忙着工作，你正好有事找她，她却不耐烦地说："哎呀！讨厌！我忙死了！"这时，你千万不要与她争吵，你可以说："啊！对不起，我正在'失业'中，如果您有事，尽管吩咐……"在那一瞬间，你的这句回答可以缓和紧张的气氛，对方也会感觉自己说话太过分，她必会道歉："真抱歉，我对你的态度不太好。"

说话所给人带来的感觉可能有以下几种：第一种是甜蜜之感；第二种是辛辣之感；第三种是爽快之感；第四种是新奇之感；第五种是苦涩之感；第六种是寒酸之感；而给人最坏的感觉，则是创痛之感。

巧言慧语，令人回味，能让对方产生好感；热情洋溢，句句说到人心里去，能让对方产生甜蜜之感；慷慨激昂，言人所不敢言，能让对方产生辛辣之感；知无不言，言无不尽，能让对方产生爽快之感；"以反人为实"，好为"无端崖之辞"，能让对方产生新奇之感；陈义晦涩，言辞拙讷，能让对方产生苦涩之感；一味诉苦，到处乞怜，能让对方产生寒酸之感；好放冷箭，以伤人为快，能让对方产生创痛之感。

同样的话，从会说话的女人口中说出，就是一颗甜丝丝的糖果；

而从不会说话的女人口中说出，就会变成一把伤人的刀。因此，这就要求女人应该尽量避免说一些有伤人之嫌的话，因为可能你无心说出的话，会给他人造成莫名的痛苦。

但在生活中不乏不会说话的女人，她们说话尖刻，虽然她们知道这样会伤害别人，但她们以伤人为快。这样的女人一般都会有这三个特点。

一是自负聪明。这样的女人有些小聪明，且颇为自负，而别人却不承认她聪明，因此她有生不逢时之感。

二是自尊心强。这样的女人一般都有强烈的自尊心，希望别人尊重她，但常常事与愿违，因此她对任何人都会产生仇视的心理。

三是心理不平衡。这样的女人心里总有一种不平衡感却没有正确的消解方式。她的负面情绪日渐增多，导致每个与她接触的人，都可能成为她发泄的对象。

女人要记住：说话尖刻会伤害别人，伤人最后的结果就是伤害自己！

02
让你的批评听上去像好评

我国自古有"逆鳞"一说，讲的是每条龙的身上都会有一片倒生的鳞片，只要触碰到这片逆鳞，哪怕只是轻轻地碰一下，这条龙就会立即被激怒，爆发的破坏力不仅是巨大的，而且是不受其自身控制的。批评的时候太过直言不讳就等于"触龙逆鳞"，无论在什么时候，都应该被视为解决问题的大忌。

林小姐是一家卡车经销商的服务经理。在她公司里，有一位员工最近的工作状态不理想。然而，林小姐并没有正面批评他，而是把他叫到办公室，跟他进行了坦诚的交谈。

林小姐是这样说的："你是一位很棒的技工，你在现在的这条生产线上工作也有好几年了，你修出来的车子也都让顾客很满意。事实上，有很多人都赞扬你的技术很好。只是最近，你完成一项工作所需的时间好像加长了，而且你的工作质量似乎也不如以前了。我想，你一定也知道，我对现在这种情况不太满意。也许，我们可以一起想一个办法解决这个问题。你认为呢？"

员工说："林经理，这段时间我是有些懈怠了，非常感谢您给我改正的机会。我向您保证，我一定会做好接下来的所有工作。"果然，从此以后这位员工工作非常用心，表现得非常出色。

林小姐在对这位员工进行了真诚的赞美之后，用"只是"一词扭转话锋，既照顾了员工的面子，又表露了自己的想法，可谓一举两得。

奥斯特洛夫斯基说过："批评，这是正常的血液循环，没有它就不免有停滞和生病的现象。"可见，批评在人际交往中是非常必要的。当然，批评也要讲究技巧，否则将难以达到预期的效果。那么，究竟采取什么样的批评方式可以取得好的效果呢？

事实证明，在批评别人时，如果我们一上来就发牢骚，势必会让对方产生抵触情绪，对你的批评也难以听进去。即使对方表面上接受，也未必说明你已经达到了批评的目的。如果开始时先肯定对方的某些方面，营造和谐的氛围，让他放松下来，然后再说批评的话，这样往往能达到比较好的效果。

另外，我们在批评别人的时候，应注意维护对方的尊严，这样更容易收到良好的效果。这是十分符合人的本性的——正因为我们没有办法改变人性的弱点，所以只有使自己所做的事情符合人性，才能达到目的。聪明的女人总是会想方设法地这么做，因为她们知道这样做的效果比直接指出对方的错误要好得多。

总之，现实生活中，无论是父子、兄弟、同事、朋友之间，还是领导与下属之间，绝对不批评别人是不可能的，也是行不通的。但并不是每个人都愿意倾听他人的批评、接受他人的批评的。有的人做错了事，不但不会坦然地承认，反而还会找种种理由为自己的错误辩护。即使是极小的疏忽或错误，也不可能每个人都能在一经指正之后就坦率地、不做辩解地承认。"良药苦口利于病，忠言逆耳利于行。"但是甜口的未必不是良药，忠言也不一定非要逆耳。大多数时候，委婉的批评更能说到人心里去。所以，批评的时候一定要讲究方法与技巧，这样我们才能达到批评的目的。

03
不要以"揭人伤疤"为乐

我们在与人交往的过程中，总会不可避免地与人产生矛盾。产生矛盾后，我们总是想着"重创"对方，说出给他人造成伤害的话。其实，我们不知道的是，我们越这样做，就越会适得其反。

大学的时候，虽然宿舍只有六个人，但是大家都有属于自己的小团体。与其他四人的关系相比，白白和高静的关系更为亲密，她们基本上同进同出。也正因为如此，两人之间更容易发生一些小摩擦。

高静是农村女孩，家境不是很好，她比其他人更加努力地学习，平时也做很多兼职。大二的时候，高静每天早上五点都要到一家餐厅打工，因此她每天凌晨四点多就要起床。起床的时候多多少少总会有一些动静，睡在下铺的白白常常在睡得正香的时候被吵醒，时间久了，就有了一些不满情绪。

那段时间正逢考试，学习压力比较大，早上又被高静吵醒的白白非常不高兴地说："我真不明白，你要出去打工为什么非要让全宿舍的人都睡不好？"

高静心中的怒气一下子就蹿上来了，不客气地说："你以为我想大清早不睡觉去打工啊？我得自己挣钱养活自己啊！你有什么可神气的？不就是生在了一个富裕家庭吗？你自己有多大的能耐你自己清楚，你是我见过最没用的人。"

白白也生气了，大声说道："别给我说这套，我生在什么样的家庭是我可以选择的吗？平日里你看书看到深夜两点谁又说你了？我不就是让你早上动静小点吗？你怎么那么自私呢？难道因为自己穷就可以没教养了？"

白白被高静戳到了痛处，也不顾一切地回击了过去。就这样，小摩擦升级成了宿舍里的一场大战，最后这两个原本要好的朋友再也没有说过一句话了，直到毕业彼此的心结都没有解开。

假如白白和高静在面对这件事的时候都不那么感情用事，而是采取冷静的态度来表达不满，就可以避免这样的争吵了。

优雅睿智的女人从来不会抓住别人的"伤疤"不放，她们会尽量站在对方的角度去想问题，然后心平气和地去寻求解决方法，以便促成积极正面的解决结果。事实上，别人有"伤疤"，我们又何尝没有？如果问题的解决最终变成了互揭"伤疤"，那么事情不但得不到解决，人与人之间的关系还会变得紧张。

　　所以，在与他人的交往中，如果多注意回避他人忌讳的东西，就能省去许多不必要的麻烦。凡是弱点、缺点、污点，都可能成为别人的忌讳之处。那具体来说应该怎么办呢？

　　首先，不说别人的短处。例如不能拿别人身体上的缺陷来开玩笑。身体上有缺陷的人本来就很痛苦，如果这些缺陷再被别人拿来取笑，会给他们造成更大的伤害。这是十分不礼貌的行为。

　　其次，不说别人的失意之事。任何时候，都不要触碰别人的失意之事。人生在世，总希望自己能一帆风顺，有所作为，实现人生的价值。但是，人难免有失意之时，或高考落榜，或恋爱受挫，或久婚不育，或夫妻反目，或就业不顺利，诸如此类的失意暂时忘却倒也轻松，若有人有意无意地提起就会使人心灰意懒、沮丧不已。满面春风、踌躇满志之人则多以昔日的失意为忌讳，生怕传播开去，有失脸面。

　　最后，不要说人家悔痛之事。人的一生中免不了要犯这样或那样的错误，而一旦认识到错误便会悔痛至极，以后一想起自己曾犯过的错误就自觉脸上无光。有些问题一旦改正了，成了历史，当事人就不愿意提及这不光彩的一页，更不希望有人拿它到处去说。如果有人拿这些问题做文章，就等于在他人伤口上撒盐，有损他人的名誉，这也是不合适的。

04
用对方能接受的方式说服对方

很多人认为，说服别人只是我说你服的单方面行为。其实，说服最关键的一点是要别人真正地认同你的观点和想法，使人心服。如果你不懂技巧，强硬地让对方就范，这不是成功的说服。真正有效的说服不在于你自认为是正确的，而是对方认为你所说的正确。因此，光是自认为理由充足可不行，还要掌握对方的心理特点，使对方心甘情愿接受你的想法。

林萧毕业后，很幸运地应聘到一家高级珠宝店，成为一名珠宝销售。这天，店里来了一个衣衫褴褛的青年人，他满脸悲愁地盯着柜台里的那些宝石首饰。

这时，电话铃响了，林萧在接电话时不小心碰翻了一个碟子，有六枚宝石戒指落到地上。她慌忙从地上拾起其中五枚，但最后一枚却怎么也找不着。此时，她看到那个青年正慌忙地向门口走去。顿时，她意识到那第六枚戒指在那个青年那儿。就在那个青年走到门口时，林萧轻声叫住了他，说："对不起，先生。"

那青年转过身来，问道："什么事？"

林萧看着他抽搐的脸，一声不吭。

那青年又补问了一句："什么事？"

林萧这才神色黯然地说："先生，这是我的第一份工作，现在找工作很难，是不是？"

那个青年很紧张地看了林萧一眼，脸上慢慢浮出一丝笑意，伸出手，回答说："是的，的确如此。但我可以祝福你吗？"

林萧也立即伸出手来，两只手紧握在一起。

"也祝你好运。"林萧以十分柔和的声音说。

那青年转身离去了。林萧走向柜台，把手中握着的第六枚戒指放回原处。

这原本是一起盗窃案，按照人们一般的处理方法，不外乎大喊大叫，设法抓住偷窃者。但林萧迅速地抓住对方的心理弱点，用令人同情的面部表情和尊重的语气说服了男青年，让他自己主动归还了戒指。

由此可见，说话的艺术很重要。一个懂得用"不战而屈人之兵"的方法去说服别人的女人是强大的。

实际上，在人际交往过程中，良好的说服技巧往往能使人际关系变得融洽。而在说服的过程中，也不可避免地会遇到双方观点不同的情况，如果处理不好，往往会给人际关系造成直接或间接的伤害，因此说服技巧和处世应变能力就成了维系人际关系的重要因素。说服工作要注意以下几个方面的问题。

第一，站在对方的立场上。在彼此观点存在分歧的时候，你也许曾试图通过说服来解决问题，却发现遇到了前所未有的困难。其实，说服不能生效的原因并不是我们没把道理讲清楚，而是由于劝说者与被劝说者固执地据守在各自的立场之上，不替对方着想。如果换个立场，被劝说者也许就不会拒绝劝说者，劝说和沟通就会容易多了。

第二，通过赞扬调动热情。每个人的内心都有自己渴望的评价，希望别人能够了解自己，并给予赞美。所以适时地给予同伴鼓励与赞扬能使双方的关系更加趋于亲密。比如在职场中，上级对下属的赞扬就显得尤为重要。当下属以工作繁忙为借口拒绝接受某项任务之时，作为领导的你为了调动他的积极性和热情去完成该项任务，可以这样说："我知道你很忙，抽不开身，但这件事情只有你去解决才行。我让其他人去做没有把握，思前想后，觉得你才是最佳人选。"这样一来，就使对方无法拒绝。这个说服的技巧主要在于对对方的优点给予适度的赞扬，以使对方得到心理上的满足，减轻挫败时的心理困扰，使其在较为愉快的情绪中接受你的劝说。

第三，以真心打动别人。在进行说服的时候，很大程度上可以说是以情感打动对方的。只有善于运用情感技巧，动之以情，以情感人，才能打动人心。感情是沟通的桥梁，要想说服别人，就必须跨越这样一座桥，才能攻破对方的心理壁垒。因此，劝说别人时，你应该做到推心置腹，讲明利害关系，使对方觉得你是在真诚地表达自己的看法，而没有丝毫不良的企图。

第四，通过激励说服。说服的关键就是激励。人的行为都是因为受到激励产生的。你的任务就是找出激励人的因素，然后给予激励。人有两大激励因素：对获得的渴望和对失去的恐惧。

你必须经常思考如何让别人做你想让他们做的事情，以达到你的目的。只要你能让别人明白通过做你想让他们做的事情，他们就能避免某些损失，你就能影响他们去做某些事情。如果你提供的机会既能避免损失又能带来收获，那就再好不过了。

第五，共同意识的作用。朋友之间或多或少都会存在某些共同意识，因此，在谈话过程中出现矛盾的时候，你应该敏锐地把握这种共同意识，以便求同存异，缩短与对方的心理距离，进而达到说服的目的。其实说服本身就是要设法缩短你和别人之间的心理距离，而共同意识的提出往往会增加双方的亲密感，最终达到接近对方内心的目的。

第六，顾全别人的面子。每个人都因为面子而与别人发生过或多或少的冲突，这是因为每个人都很在乎它。因此，在说服别人的时候，你也要尽量考虑到保全对方的颜面，只有这样，说服才有可能获得成功。比如，对工作方法有不同意见，你可以这样说："当然，我完全理解你为什么会这样想，因为那时有些事你还不知道。"或者说："最初，我也是这样想的，但后来当我了解到全部情况后，我就知道自己错了。"这样的表达可以把对方从自我矛盾中解放出来，使他体面地改变立场，你们之间的关系却不会受到任何的负面影响。

第七，利用丰富的表情和语调。说服别人一定需要好口才吗？其实，在说服和沟通中，语言信息的比例只占不到20％，80％以上都是非语言信息。所以即使没有好口才，只要你能掌握说服和沟通的心理学，你也能"投其所好"，顺利地说服别人。

05

巧妙拒绝，"面子"是一种很累人的文化

生活中，人人都会面临着如何拒绝别人的问题。拒绝他人是一种应变的艺术。有一些人因为难以拒绝别人的要求，于是连那些自己都干不来的事情也接了下来，而使对方的期待落空，进而破坏彼此之间的友谊。这种例子屡见不鲜。但是，如果不懂得拒绝的技巧，过于直接地拒绝对方，也会影响双方的关系，甚至被人误会并结下仇怨，使自己陷入十分不利的境地。所以，学会运用智慧，巧妙地使用拒绝的话语，以摆脱不利的局面，同时也能维持双方的关系。

女人在面对别人提出的不合理要求时，如果直来直去地拒绝对

方，就会让对方觉得你没有顾及他的面子，进而认为你不尊重他，对你产生不满情绪，你很可能会因此而多了一个敌人。所以，女人在拒绝别人时一定要讲究方式。

真诚婉转地拒绝，对方会理解；而虚伪生硬地拒绝，对方就容易产生不满情绪，甚至仇恨情绪。因此，女人一定要记住：要巧妙拒绝他人，不能因为拒绝而破坏自己原本良好的人际关系。

孙嘉怡是销售代理，她聪明能干，人也漂亮，销售业绩节节攀升，因此受到领导赵经理的青睐。一天，孙嘉怡遇到了一个苛刻的大客户，谈判的时候，由于对方压价太狠，使得谈判一下子陷入了僵局。孙嘉怡不轻言放弃，中午休息的时候，她一遍又一遍地研究对方的资料，思考对策，终于和这位客户达成了协议，成交了一份数额巨大的订单。下班的时候，赵经理找到她，说为庆贺她的成功，要请她吃晚饭。

孙嘉怡心里充满了成交订单的喜悦，也就一改往日的矜持，毫不犹豫地答应了。她本来以为还会有其他同事呢，但在吃饭的时候才发现只有他们两个人。孙嘉怡有点儿尴尬，但是也没多想，吃饭的时候，两人聊了很多，她发现赵经理是个非常幽默的人，总是能把她逗得大笑。

后来，赵经理便经常请孙嘉怡吃饭，多半是以庆祝孙嘉怡的出色表现和业绩为借口。有时孙嘉怡并不想去，但看到他那诚恳的眼神，又想想他是自己的领导，不好意思驳了他的面子，便答应了。

时间久了，孙嘉怡便发现背后有人指指点点了，私下里议论她和上司之间的关系不简单。这其中不乏对孙嘉怡心怀妒忌者。对于这些流言，赵经理听后淡淡一笑，孙嘉怡却苦恼不已。相恋两年的男友听到传闻后也对她产生怀疑，再加上孙嘉怡工作忙，经常不得不推掉与他的约会，他怀疑孙嘉怡是通过讨好领导才取得那么骄人的成绩的。任凭孙嘉怡怎么解释都没有用，于是两人大吵了一架。

一次，赵经理又约孙嘉怡。孙嘉怡说："赵经理，每次都只有我们两个人，实在没意思，您要请，就带上大家吧！再说，公司的同事们也好久没聚会了。"

听了孙嘉怡的话，赵经理有些为难：如果不同意呢，好像他只为讨好孙嘉怡，而忽略公司的其他人，丢了一个销售公司的团队理念；如果同意呢，又有违自己的初衷。但最后赵经理还是同意了。这样一来，同事们不再对孙嘉怡那么苛刻了，闲言碎语也少了很多。

过了一段日子，赵经理又约孙嘉怡。孙嘉怡说："赵经理，您的好意我心领了，我能取得这样的成绩离不开您的教导，可是最近我发现我的业务水平有所下降，这段时间我要好好地给自己充电。"孙嘉怡又一次委婉地拒绝了赵经理的邀请。

就这样拒绝了几次，赵经理也明白了孙嘉怡的意思，渐渐地也不再自讨没趣了。

在面对此类情况的时候，会说话的孙嘉怡懂得在职场中生存要会变通，更要坚守一定的原则。工作中应该学会服从领导的安排，但其他方面更要学会以诚相待、不卑不亢。

曾有人这样感叹："央求人固然是一件难事，而当别人央求你，你又不得不拒绝的时候，亦是叫人头痛万分的。因为每一个人都有自尊心，希望得到别人的重视，同时我们也不希望别人不愉快，因而也就难以说出拒绝的话了。"如果你遇到让自己为难的事，千万不要因为不好拒绝而委屈自己，否则你的生活就会少了很多乐趣。最好的做法就是仔细斟酌，权衡一下。如果觉得答应对方的要求将给自己或其他人带来伤害，那么，你就应该当机立断地拒绝，决不要为了面子上过得去或不让别人扫兴而做违心的事。

第三章

初次见面，这样说话
和谁都能聊尽兴

谈话的内容或许会被遗忘，但谈话时的

感受毕生难忘。

01
如何克服说话紧张症

一个人无论是生活还是工作都免不了要与社会接触、与他人接触，而说话则是人与社会接触、与他人交流的最重要的手段。可想而知，一个不想说话的人肯定难以融入社会。

然而，在日常生活和社会交往中，尤其是在比较正式的场合，有些女性在众人面前说话时，会出现紧张、怯场的情况。其实，这种现象出现的原因主要是缺乏心理准备和实际训练。通过下列训练完全可以克服说话紧张的症状。

一是努力使自己放松。

在人前说话紧张，大都是因为说话时呼吸紊乱，氧气的吸入减少，头脑一时陷于停滞状态，从而不能把所想的词语说出来。

说话时，不正常情况的发生通常都是这样的顺序：怯场—呼吸紊乱—头脑反应迟钝—说支离破碎的话。因此调整呼吸会使这些情况恢复正常。

说话时全身处于松弛状态，静静地进行深呼吸，在吐气时稍微加点儿力气。这样一来，心就踏实了。此外，笑对缓和全身的紧张状态有很好的作用。

二是准备一些好的话题。

在平时应酬时，我们可以随时注意观察：哪些话题吸引人而哪些不吸引人？为什么？原因是什么？等到自己开口时，便自觉地准备一些能引起别人兴趣的话题。

三是训练回避不好的话题。

哪些话题应该避免呢？首先应该避免自己不完全了解的事情。一知半解、似懂非懂、糊里糊涂地说一遍，不仅不会给别人带来什么益处，反而给人留下浅薄的坏印象。若有人就这些对你发起提问而你又回答不出，则更为难堪。其次要避免自己不感兴趣的话题，试想连你对自己的所谈都不感兴趣，怎么能期望对方随你的话题而兴奋起来呢？如果强打精神故作昂扬，只会自受疲累之苦，别人还可能觉得你不真诚。

四是训练丰富话题内容。

有了话题，还得有言谈下去的内容。内容来自生活，来自你对生活的观察和感受。我们往往可以从一个人的言谈中看出他丰富的内涵以及对生活的热情。

　　总之，你应该热诚、主动地去与人交往。你要知道，你的所有的恐惧和担心是完全没有必要的。即使你没有说好，天不会塌下来，也没有人会责怪你。

02
拥有"让人感觉很不错"的特质

　　与人交谈的时候，能否营造出"感觉良好"的气氛，关键就在于用什么样的表情交谈。一个冷冰冰的总是拒人于千里之外的人是不受欢迎的，亲和力非常重要。自然的笑容能够营造轻松的交谈气氛。这一点，只要观察自己周围那些经常面带微笑、性情开朗的人就能了解了。

　　性格开朗的女人在与人谈话时总是用友善的口吻，脸上也总是保持着微笑，声音往往比较高亢，自然给人充满活力的感觉。当这种人露出笑容和我们说话时，我们不会感到紧张，而且会愿意对她们敞开心房，于是就会自然而然地说出真心话。当你逐渐累积这样的经验后，很快地，每个人和你在一起就都会很自在、很快乐，并且不会对你小心翼翼、处处设防。

吴小姐是一所建筑设计事务所的设计师，她雷厉风行，性格严谨，工作能力突出，平日里是十分严肃的人。她虽然才三十岁出头，但看上去却是四十岁的样子。其实她自己也很苦恼，她与同事之间的关系日渐紧张，她甚至听到同事们在背地里给自己起绰号。

在不得已的情况下，吴小姐去了心理咨询所。心理医生听完了她的苦恼之后，对她说，想要有亲和力，让人喜欢，其实很简单，那就是经常操练一门功课：寻找微笑的理由。

比如，辛苦了一天，下班回到家，你的爱人已经为你做好了热腾腾的饭菜；比如，天冷的时候，你收到亲友发来的让你注意保暖的信息；比如，在平常的日子里，你收到了一封朋友发来的写满祝福和思念的电子邮件；比如，在电梯门将要合拢时，有人按住按钮等你赶到；比如，下雨的时候，汽车在离你几步远的地方减速，而没有呼啸而过，让你的衣服沾上污水；比如，有人称赞你新买的衣服；比如，雨夜回家时发现门外那盏坏了很久的路灯今天亮了……诸如此类的生活细节，都可以作为微笑的理由，因为这是生活送给你的礼物。

之后，吴小姐按照心理医生所说的去做，她发现，自己几乎每天都能轻而易举地找到十来个微笑的理由。时间长了，她的表情逐渐发生了变化，大家都觉得她变得亲切、友善了，她与同事之间的紧张关系也日趋缓和，原来显老的脸，似乎也变得年轻了。

微笑可以在瞬间缩短人与人之间的心理距离，它是人际交往中最好的润滑剂。如果你是个不善言辞的女人，那么请亮出你的微笑，这就是最动听的语言。

拿破仑·希尔这样总结微笑的力量："真诚的微笑，其效用如同神奇的按钮，能立即接通他人友善的感情，因为它在告诉对方'我喜欢你，我愿意做你的朋友'，同时也在说'我认为你也会喜欢我的'。"

真诚的微笑透出的是宽容，是善意，是温柔，是爱意，更是自信和力量。微笑是一个了不起的表情，无论是你的客户，还是你的朋友，甚至是陌生人，只要看到你的微笑，都不会拒绝你。微笑给这个世界带来了温柔，也给人的心灵带来了阳光和感动。

微笑的力量非凡。它有助于缓解负面情绪，并有利于人们之间的交往。微笑能引发健康的情绪，减轻生活的紧张感与环境的束缚感，使你的生活变得快乐。

在社交场合，微笑就像一种润滑剂。有时候，争得面红耳赤的双方往往只需一个微笑、一个眼神或一句息事宁人的话就能使双方火气顿消，甚至握手言欢。

微笑是人类最美的语言。微笑是对自己、他人和这世界的最美丽的祝福。请给朋友一个理解的微笑，请给帮助你的人一个感激的微笑，请给那些不幸的弱者一个鼓励的微笑，请给下班归来的丈夫一个体贴的微笑……

03

看清兴趣，聊出交情

　　我们在与他人交流时，经常会犯一个错误，就是把谈话内容停留在自己感兴趣或擅长的范围内。比如，有的人是球迷，就张口闭口都是足球。如果遇到的正好是对足球不感兴趣的人，而我们却讲得滔滔不绝，那么当我们的话题说尽时，别人会不知所措，只会导致气氛变得尴尬。

　　在这个世界上，恐怕没有人愿意和一个只顾自己的感受，全然不顾他人感受的人谈话。所以，在与人交谈的时候，要想别人对你产生好感，就要谈论对方感兴趣的话题。而那些在交际中成功的女性，往往就是在与对方接触的第一时间找到对方感兴趣的话题，谈论别人喜欢的事情，从而与对方聊出交情。

　　秦越是一家面包公司的老板，她一直试着把面包卖给本市的某家高级饭店。一连三年，她每天都要打电话给该饭店的经理。她也去参加该经理的聚会，甚至还在该饭店订了个房间，住在那儿，以便做成这笔生意。但是她都失败了。

　　后来，秦越改变了策略。她决定找到该饭店经理最感兴趣的东西。终于，秦越发现他是书法家协会的一员，还被选为协会的负责人。不论协会有什么活动，在什么地方举行，他一定会出席，即使他有许多事要忙。

　　当秦越再次见到这位经理的时候，就开始谈论书法。秦越可以轻易地看出来，书法就是他的兴趣所在，是他的生命火焰。在秦越离开这位经理的办公室之前，这位经理还写了几个字送给秦越。

　　秦越在与这位经理交谈的过程中一点儿也没提到面包的事，但是几天之后，她接到该饭店厨师的电话，要她把面包样品和价目表送过去。

　　"我不知道你对那位先生施了什么魔法，"那位厨师见到秦越的时候说，"但你真的把他说动了！"

　　每个人都有自己的兴趣和爱好，一旦你能找到其兴趣所在，并以此为契机，那你的话就不愁说不到对方的心坎上。如果秦越不是用心找出该饭店经理的兴趣所在，了解到他喜欢谈论什么的话，那秦越可能仍然做不成这笔生意。

另外，交际场合中，最害怕的事情莫过于冷场，因为一旦冷场，通常会一冷到底，整场交流可能都要在极不自然的氛围下进行。很多事实证明，一次顺畅的交谈，往往需要有彼此都感兴趣的话题，因此，我们应该事先对交谈的对象进行了解，掌握一些对方可能感兴趣的话题，以防对方在交流过程中无话可说。

每个人关心的话题都不一样，如何在最短的时间内找出对方关心的话题，是我们在交际过程中需要解决的第一个问题。比如，性别不同，关心的话题就不一样：男性往往对体育运动、新闻、汽车等方面的内容比较感兴趣，女性则更加关注美容、服饰、时尚等方面的信息。

此外，不同的角色和身份，关心的话题也各不相同。比如，家庭主妇和事业型的女人关心的话题就大相径庭，在前者面前提及工作或者在后者面前提及家务，会让她们觉得无所适从，甚至可能会让她们拂袖而去。

总之，寻找话题并不难，真正难的是寻找对方感兴趣的话题，让对方有和你继续交谈的欲望。那么，一般来说，人们通常会对什么话题感兴趣呢？大体有以下几点。

第一，关乎谈话者自身利益的话题。只有在谈及与自身利益密切相关的话题时，才能表现出极大的热忱和专注，这是人的共性。如果谈论的是与自己毫无关联，不会对自己产生任何影响的话题，大多数人不会耐着性子任由对方高谈阔论。

在打探对方真实想法的时候，如果问题一下触及了核心部分，会给对方带来不必要的压力。因此，最好先提些表面的问题，然后逐步靠近核心。一般来说，与本人关系密切的问题都很难打听出来。

第二，与谈话者的兴趣、身份相符的话题。不符合对方兴趣、身份的话题，绝对不会结出沟通顺畅的"果实"。

第三，新奇的话题。每个人都有猎奇的心理，一个新奇的话题往往能极大地调动人的好奇心，从而使谈话得以继续。

寻找话题并不难，生活中的任何一件事都能成为话题，但要谨记，只有让对方感兴趣的话题才能引导事情朝着你希望的方向发展，从而达到交谈的目的。

04

善于倾听比能说会道更重要

在小说《傲慢与偏见》中，丽萃在一次茶会上专注地听着一位刚刚从非洲旅行回来的绅士讲他在非洲的所见所闻，几乎没有说什么话，但分手时那位绅士却对别人说丽萃是个非常善言谈的姑娘。看，这就是倾听别人说话的效果。它能让你更快地交到朋友，赢得别人的喜欢。

上帝给人们两只耳朵、一张嘴，其实就是要我们多听少说。生活中，最有魅力的女人一定是一个倾听者，而不是滔滔不绝、喋喋不休的人。倾听，是对别人的尊重。我们知道，在社交中，最善于与人沟通的高手是那些善于倾听的人。也许在交谈过程中她并没有说上几句话，但是她一定会得到对方的肯定，认为她是善于沟通的人。

人自然会因为对方愿意听自己说话而感到心情舒畅，因此不会讨厌那些肯认真倾听自己说话的人。

白灵人如其名，像个百灵鸟一样，声音美丽动听，于是，她毫不犹豫地选择了播音主持这个专业。大学毕业后，她去了一家电台做了主持人，主持一档心理访谈节目。

她和她的丈夫是在一个朋友聚会上认识的，参加聚会的女孩很多，白灵不是最漂亮的，也不是最能说会道的。在大家都热火朝天地聊天之时，白灵总是面带微笑地聆听，偶尔说上一句自己的见解。

她的特别深深地吸引了一个人，这个人就是她现在的丈夫。聚会结束后，他千方百计地找到白灵的联系方式，最终将白灵娶回了家。

当有人问他为什么在那么多女孩里单单被白灵吸引的时候，他说："在那样喧嚣的环境里，她安静地坐在那里，面带微笑地听别人说话，就像一朵纯净的百合花，脸上闪现着圣洁的光辉。我真不敢相信这是一个电台主持人。后来我娶了她才知道，一个好的主持人，不但要会说，还要善于倾听。"

作为电台主持人，白灵不是不会说话，也不是没有谈资，而是她更懂得倾听的艺术，在倾听中显示她的聪慧。

倾听是尊敬他人的行为。专心地听别人讲话，是你所能给予别人的最有效、最好的赞美。不管说话者是上司、下属，还是亲人、朋友，倾听的作用都是同样的。人们总是更关注自己的问题和兴趣，如果有人愿意听你说话，你也会马上有一种被重视的感觉。

倾听不仅仅是保持沉默，用耳朵听听而已。如果我们只用眼睛或耳朵来接收信息，而不用心去发现对方的心意，就不能达到有效沟通的目的。

真正的倾听需要我们用眼睛去观察，用心去倾听。所以，在倾听的时候我们要掌握一些小小的技巧。

一是要有良好的精神状态。

良好的精神状态是取得良好倾听效果的重要前提。如果倾听的一方萎靡不振，那么就会使沟通的效果大打折扣。

二是及时用动作和表情给予回应。

与对方交谈时，应该采取"我正在认真听你说话"的姿势。要是此时手边正忙着其他事情，一定要赶快停止。应该把身体放松，并采取开放而自然的动作，不要让双手交叉在胸前。

开放而自然的动作代表着接受、容纳、感兴趣与信任。这会让说话者感到你已经做好准备跟上他的思路，理解他所说的话，并给予及时的回应。它传达给他人的是肯定、信任、关心乃至鼓励的信息。

三是必要时沉默。

沉默是人际交往中的一种手段，它虽然是无声的，实际却蕴含着丰富的信息。它就像乐谱上的休止符，运用得当，可以达到"无声胜有声"的效果。但沉默一定要运用得体，不可不分场合地故作高深而滥用沉默。而且，沉默一定要与语言相辅相成，才能获得最佳的效果。

四是选择适当的回应。

适当的回应能够给讲话者以鼓励，有助于双方的沟通。选择适当的回应，再加上点头表示赞许，就可以让聊天的气氛变得更融洽。例如以下这些说话技巧。

肯定：真是不错！是！就是那样！

疑问：是这样吗？为什么呢？

确认：是这样啊！啊，原来如此！

感叹：真的吗？真好！哇，好厉害！

否定：你骗人……（仅限在开玩笑，或是闹着玩的时候使用。）

有一句不应说的话，那就是："我明白"。轻易地使用"我明白"来回话，容易导致对方心里产生"你又知道些什么？你真的明白吗？"的想法，反而使对方生气。

五是不要随便打断别人讲话，要有耐心。

当对方说话内容很多，或者由于情绪激动等原因，语言表达有些零散甚至混乱时，你也应该耐心地听完他的叙述。即使有些内容是你不想听的，也要耐心听完。千万不要在别人没有表达完自己的意思时，随意地打断别人。当别人流畅地表达时，随便插话打岔，改变说话人的思路和话题，或者任意发表评论，都被认为是一种没有教养或不礼貌的行为。

要使别人对你感兴趣，那就先对别人感兴趣。问别人喜欢回答的问题，鼓励他人谈论他所取得的成就。不要忘记，与你谈话的人对他自己的事情比对你的问题要感兴趣得多。

总之，倾听需要做到耳到、眼到、心到。当你通过巧妙的应答把别人引向你所需要的方向，你就可以轻松掌握谈话的主动权了。

做个耐心的听众是一件难能可贵的事。不管是在日常的社交过程中，还是在职场里，女人都要学会做一个有耐心的听众，并且表现出你对说话者的尊重和诚意。这样做，你将会有意想不到的收获。

倾听是我们尊敬别人最好的方式，很少有人会拒绝接受倾听中所包含的赞许。所以，女人不仅要会说，还要会倾听。善于倾听，会让你更加受欢迎。

05
不吝赞美，真心地说出别人想听的话

一提起赞美，可能有人马上就会把它与巴结、讨好、阿谀奉承联系起来。其实，赞美和阿谀奉承完全是两回事，赞美是以表达自己对别人的尊重和欣赏来促进了解和增进友谊。

人们都希望得到别人的赞美。每个人对他人都有一种心理期待，希望得到他人的尊重，希望自己应有的地位和荣誉得到肯定和巩固，这就需要得到别人恰如其分的赞美。

人际关系学大师卡耐基小时候曾有一段时间住在密苏里州的乡间。在一次美国中西部地区的家畜展览会上，他父亲豢养的一头血统优良的白牛和几只品种优良的红色大猪获得了特等奖，他的父亲也因此赢得了特等奖奖品蓝带。

自此以后，每当卡耐基的父亲高兴的时候，他就会把那枚蓝带别在一块白色软布上，放在手里把玩半天，而且只要有人来家中做客，他总要拿出来炫耀一番。

其实，那些真正的冠军——牛和猪并不在乎那枚蓝带，倒是卡耐基的父亲对它十分珍惜，因为这枚蓝带给他带来了荣耀和别人的称赞。

林肯曾经说过："人人都喜欢受人称赞。"威廉·詹姆士也曾经说过："人类本质里最殷切的需求是渴望被人肯定。"可见，我们每个人，当然包括男人和女人，都希望自己受到别人的重视。如果你想与别人相处得十分融洽，如果你想成为一个受欢迎的人，那么你首先要做的就是满足他们的这种心理，去真诚地赞美他们。

穆白是一个性格开朗的女孩，非常善于交际，也很会赞美别人。毕业之后，她来到一家公司做文员，她的同事大部分都是女性。她在公司的人缘特别好。

在公司里，每次见到同事，她都会非常礼貌地停住脚步问好。如果同事换了身新衣服，她就会马上赞美说："您穿这身衣服真精神！"如果同事换了个发型，她就会很惊喜地夸赞说："这个发型把您衬得好年轻啊！"穆白的这些话让同事们心里都觉得甜滋滋的，所以有什么活动同事们都喜欢叫穆白一起去，就连上司黄姐也特别喜欢跟穆白一起聊天、逛街。

一天快要下班了，黄姐让穆白陪她去逛商场，穆白立刻就答应了。下班后，穆白在楼下等黄姐。黄姐走过来，穿了一身穆白从来没见过的衣服，非常有气质。穆白不禁惊呼："黄姐，您今天也太靓了！"黄姐笑着说："是吗？这些都是以前买的，只不过没有这样搭过。"穆白回答说："嗯，太漂亮了。您要有空教教我怎么搭配衣服吧，您看我穿的和您穿的没法比。"黄姐听得心花怒放。

商场逛完后，两个人都有些累了，一时间气氛有些尴尬。此时穆白为了尽快打破这种气氛，又开始了对黄姐的夸赞："黄姐，您真是一个成功的女性，美貌与智慧并存，家庭又如此和睦，让所有女人都羡慕……"听了穆白的话，黄姐疲惫的脸立马变得容光焕发，和穆白聊家庭、聊工作，兴致很高。从此以后，黄姐更加喜欢穆白了，在部门的例会上，黄姐总是表扬穆白进步快，甚至还把下一期到总公司培训的唯一名额给了她。

较之男性，女人间的相互赞美更能满足对方的某种内在渴求。来自同性的赞美，往往会使对方听来十分亲切真实，让对方认为是完全发自内心的欣赏，使对方产生一种遇到知音的感觉，因而能增进彼此的友谊，缩短社交的距离。

爱默生曾说过："凡是我所遇见的人，都有比我优秀之处。在这个方面，我正好可以向他学习。"凡是你见过的人，总会有比你强的地方，这是一个不容否认的事实。只要我们承认这一点，承认对方的重要性，并由衷地表达出来，你们就能建立友谊。

　　所以，女性朋友们，如果你想要搞好与周围人的关系，就不要光想着自己的成就、功劳，而需要发现别人的优点、取得的成绩，真心地说出别人想听的话。

06
巧妙地称赞对方

一位著名企业家说过："赞赏和鼓励是促使人将自身能力发挥到极限的最好办法。如果说我喜欢什么，那就是真诚、慷慨地赞美他人。"

可见，赞美是一种力量，更是一种技巧，是一种智慧。每一个人都希望受到周围人的称赞，希望自己真正的价值被认可。哪怕处在极小的天地里，也仍然认为自己是小天地里的重要人物。然而在日常生活中，我们渴望的不是巴结、阿谀奉承，而是对方发自内心的赞扬。那么，我们怎样才能巧妙地称赞对方，让对方不觉得你是在拍马屁呢？这就需要一定的技巧。

第一，赞美要抓住时机。恰当的时机能使赞美更具效力。爱听赞美的话是人的天性。当你听到对方不失时机的赞扬时，心中会产生一种莫大的优越感和满足感，自然也就会高高兴兴地听取对方的建议和意见了。

第二，赞美要恰如其分。如果你说的赞美的话恰如其分，对方便会很高兴，并对你产生好感。例如：对青年人应赞美他的创造力和进取精神，对老年人应赞美他身体健康、富有经验，对商人应夸对方生财有道、财运高照，等等。

第三，旁敲侧击，间接赞美。间接赞美则更富有技巧性。你可以通过赞美与他有亲密联系的人、事或物，来间接表达对他的赞美之意。比如：为了赞美一位女性，你可以赞扬她的女儿漂亮、聪明、有出息，或者赞扬她的丈夫能干，这样可以很好地达到间接赞美她的目的。间接赞扬一个人还可以不当面表达你对他的称赞和肯定，而是对别人说，通过别人的口把你的赞扬传到他的耳朵里。这种赞扬对化解矛盾有很好的效果。

第四，赞美不可言过其实。过分的赞美对他人是有害的。过分地夸奖一个人，就会把人给毁了。如果你夸奖时随意把事实夸大，把人家的七分成绩说成十分，把人家本来很朴素的想法拔高到理想化的境界，评价失实，只能产生消极作用。

第五，赞美要想好恰当的词语。在表扬或称赞他人时一定要注意措辞，以免词不达意，反令对方感到尴尬。我们在列举对方身上的优点或成绩时，不要举那些无足轻重的内容，比如不要向客户介绍销售员时说他"很和气"或"守纪律"之类的和推销工作无关的内容。我们的赞美中也不可暗含对方的缺点，比如这样的话便不妥："太好了，在屡次失败之后，你终于成功了一回！"总之，称赞别人时在用词上要再三斟酌，千万不要胡言乱语。

第六，赞美需有远见卓识。赞美不仅要符合眼前的实际，而且要高瞻远瞩，具有一定的前瞻性和预见性，提升你赞美的高度。在事情还没有完成之时，赞美时一定要谨慎。须知，问题往往出现在最后的关头，功亏一篑并非偶然有之。所以，赞美必须具有远见卓识。

第七，将赞美变成请教。在我们赞美对方的同时别忘记讨教。你可以常用以下句子：

我很欣赏您，不知您是怎样坚持到现在的？

您真的不简单，请问您是怎样做到的呢？

第四章

有气场不冷场，女人
要掌控全场

当我们做一件事情或是和一个人打交道时，如果我们的气场能量高于这件事或这个人，就能轻而易举地解决问题；如果我们的气场能量低于这件事或这个人，我们就会感到处于弱势，觉得不自在。

01
自嘲，化解尴尬的大智慧

尴尬是在生活中遇到处境窘困、不易处理的场面而使人张口结舌、面红耳赤的一种心理紧张状态。在这种时候，人们会感觉比受到公开的批评更难受，会引起面部充血、心跳加快、讲话结巴等现象。

有时对方是有意依仗亲密的关系公开揭你的短，或讲述你过去的傻事；有时对方是无意地、不知不觉地说出了你的隐痛。如果你真的动气，别人还会说你没有涵养。可见，尴尬是人们在生活中不愿碰到但会经常碰到的状况，问题的关键在于怎样应对尴尬的状况。

自嘲是在自己尴尬的处境下，诙谐地自我嘲讽。在人际交往中，它可以缓和人与人之间的紧张关系，表现自嘲者幽默风趣的个性。

然而，从自嘲者的本意来看，又并非止于自我嘲讽，多有"醉翁之意不在酒"的意味，具有表里相悖、言此意彼的特点。自嘲在交际中具有特殊的意义，可以起到正常的表达起不到的作用。作为一名女性，当你陷入尴尬的境地时，借助自嘲往往能使你从中体面地脱身。

　　美国一名著名女星在二十世纪九十年代红遍欧美，曾经被无数粉丝封为"女神"，尤其是她风趣幽默的谈吐，更是给众人留下了无数欢乐的回忆。也许是觉得娱乐圈太辛苦，她在事业巅峰期选择了急流勇退，如今已经是一位儿孙绕膝的老奶奶，她最大的变化是现在的体重惊人。一次，有位主持人采访她，采访中对她开玩笑说："我注意到你现在很少去游泳了，是不是担心自己的身材吓到孩子们。"她仍然不改当年的风趣幽默，一本正经地说："你知道的，我并不关心这个。我只是听说那个该死的游泳场里，没有适合我的尺码的救生圈。"

　　这位女星以自嘲的方式巧妙地让自己走出了尴尬境地。

　　事实上，在大多数时候，当对方的话语有意无意地冒犯了你，使你处于尴尬境地时，千万不要把时间花在思考对方抱有什么目的上面，更不能假设对方与你有什么"深仇大恨"。这个时候，最好的办法就是学会自我解嘲。因为对方可能是出于个人的说话习惯，无意为之。

　　另外，尴尬局面的出现往往是一刹那的事情，如果缺乏冷静，大惊失色，或是缺少智慧与口才，那只能是手足无措。因此，遇到这样的场合，首先要做的就是保持冷静，然后随机应变，机智巧妙地应对尴尬场面。

有一位女歌手在演唱会谢幕时，没有走出两步，便被麦克风的电线绊倒在地，华丽的服装、娇美的身躯与当时的狼狈场景形成了强烈的对比。当时，观众一片哗然。

然而，这位女歌手并没有慌张，她急中生智地站起来，拿起话筒说："我真正为大家的热情倾倒了！"顿时，杂乱的声音被一阵阵的笑声和掌声代替了。女歌手用这种得体的自嘲方法挽回了自己的面子。

在工作与生活中，有些女性因为过于害羞，一遇到尴尬之事，便不知如何是好，只知道匆匆溜掉，有的甚至掩面而泣。其实，女性一旦因失误而处于尴尬的境地时，最聪明的办法应该是：多些调侃，少些掩饰；多些自嘲，少些自以为是；多些低姿态，少些趾高气扬。

自嘲需要勇气和智慧。一个敢于自嘲、懂得自嘲的女人，必定是个自信的、人际关系良好的女人。

02

让幽默风趣体现你的睿智

幽默能表达人与人之间的真诚友爱，能沟通心灵，拉近人与人之间的距离，填平人与人之间的沟壑，是和他人建立良好关系的不可或缺的黏合剂。尤其当一个人要表达内心的不满时，如果能使用幽默的语言，别人听起来也会比较顺耳；当一个人需要把别人的态度从否定改变为肯定时，幽默是最具说服力的语言；当一个人和他人关系紧张时，即使在一触即发的关键时刻，幽默的语言也可以使人摆脱不愉快的窘境或消除矛盾……

不难想象，即使是同样的一句话，如果用平常的方式表述出来，会让很多人充耳不闻，甚至心生反感；但如果是用风趣幽默的方式表述出来，不仅可以让人心情愉悦，从而使对方愿意给出积极有效的回应，同时也会给人留下深刻的印象，最终为我们良好的人际关系打下基础。因此，培养风趣幽默的交流习惯，对于我们的生活和工作都会起到很大的积极作用，每个女人都应该予以足够的关注。

宋灿到一家饭店吃饭，点了一只螃蟹。结果菜端上来后，宋灿发现盘中的螃蟹少了一只螯，于是就询问服务员。服务员无法解释，只好找来了老板。

老板抱歉地说："真对不起，小姐，螃蟹是一种残忍的动物。这只螃蟹可能在和它的同伴打架时被咬掉了一只螯。"

宋灿巧妙地说："那么，就请给我调换一只打胜的螃蟹吧。"老板和顾客双方都用幽默的方式表达自己的想法。这种方式，没有取笑他人，没有批评他人，也没有伤及他人的自尊，既保护了饭店的声誉，又维护了顾客的利益。

其实很多时候，女人的幽默不仅可以帮助别人摆脱困境，也可以给自己一个台阶下。这个时候，女人所赢得的称赞往往不是在会说话这方面，而是她的个性魅力上。最重要的是，女人也会因幽默的言谈而化解很多矛盾，交到很多朋友。

英国哲学家培根说过："善谈者必善幽默。"幽默的女人的魅力就在于：话不需直说，却让人通过曲折含蓄的表达方式心领神会。

林佩是刚刚成名的女作家，她写的言情小说很受人喜爱。因此，在她的新书发布会上，她受到了很多人的追捧。

但在发布会的台下，一个男人对林佩很不服气，当着众人走到她面前，很不友好地说："你的作品写得真好，不过，请问是谁帮你写的呢？"

很明显，这个如此无礼的家伙是故意来闹事的。发布会的气氛顿时变得紧张，读者面面相觑，场面很尴尬，大家都不知道接下来会发生什么样的事情。

然而，林佩并没有表现出很尴尬的神情，她也没有生气，反而面带微笑，礼貌地回答这个人说："谢谢你对我的作品的夸奖，不过请问，是谁帮你看的呢？"

林佩的反问让那个人哑口无言，灰溜溜地逃走了，台下是一片掌声。林佩在智慧和幽默中化解了尴尬。

实际上，风趣幽默需要以灵活机智的头脑为基础，因而我们与其说是在培养风趣幽默的交流习惯，不如说是在培养灵活机智的头脑。原因很简单，风趣幽默的谈吐和行为需要不断转变思路，这是一种不按常理出牌的典型表现。如果能够灵活地转变思路，自然能够让我们在面对某个难题的时候，不拘泥于某一种思路，从而及时做出有效的应对措施。

当然，风趣幽默也需要适度，并且要区分对象。如果我们总是随意向别人"抖包袱"，那么就会自降身价和自毁魅力。

03
随机应变，把话说得恰到好处

说话是人们交流信息、传情达意的一个重要手段。现代社会人们也越来越重视"说"的作用了：竞争职位、应聘面试、推销业务……拥有好的口才，把话说得恰到好处，往往能使你在社会上更容易成功。

说话是一门学问，通常会说话的人大都见闻广博，喜好阅读杂志和书报，兴趣广泛而又热心活泼。同这些人在一起，不仅能使人增长见识，更能让人身心愉悦。纵观那些成功者，不难发现他们在社交场合必定总能透过他们的言谈展现他们的真知灼见，他们总能给人带来深邃、睿智、风趣之感。但说话也需要相当的经验，当你面临着各种各样的社交场合，面对着形形色色的人物时，你要想做得恰到好处确实不是一件容易的事情。

当然，生活中说话多是为了表达自己的主张，每个人都有自己的思想和见解，有自己看问题的独特角度。受知识、阅历、年龄等方面的影响，在对同一问题的认识上，也是仁者见仁，智者见智，会得出不同的结论。因此，在交际场合中，就更需要你拥有随机应变的能力。

机智、敏捷、反应快的女人一般都是沉着稳重的，特别是身处窘境时，沉着稳重的心态更有助于想出化解尴尬的妙法。这就要求我们必须善于发现问题，做出相应的决策，而且要随着事情的变化不断调整应变策略。

04
用最快的速度弥补语言上的失误

"人有失足，马有失蹄。"人难免有失误的时候，发现失误之处就要及时去弥补，而人失言了可以用妙语去弥补。

谢云被调派到分公司工作了半年，一回到总公司，立刻就赶着去问候以前很照顾自己的王总监。对过去王总监经常不辞辛苦地跑到分公司给予指导的事，谢云一直反复地致谢，可是不知怎么回事，对方反应并不是很热络。

当谢云纳闷地走出门时，一名同事过来告诉他："王总监已经升为总经理了呀！"不知道人家已经升职，自己依然用以前的职称称呼，自然会让对方心里觉得不舒服。谢云顿时恍然大悟，后悔自己没有事先确认对方的职位是不是有所变化，这才失了言。但是，说错的话已经收不回来了，该如何是好呢？

谢云想了一下，立刻返回到王总的办公室，开口说："王总！真是恭喜您了！您也真是的，刚才也不告诉我一下。我一直在分公司，消息也不灵通。不过，不知道您升职了总是我的不是，真对不起，请您务必原谅！"

谢云虽然失了言，但是她事后及时补救，并送上衷心的祝贺，王总心中的不快自然也就消失了。犯了类似的无心之过时，你也可以先称赞对方一番，然后真诚地分析你的失误，表明歉意。就算对方心中有什么不快，也会烟消云散。

在与人交往的过程中，如果我们想要保持愉快的心情，就要在话语出口前进行充分思考，从而确保全面顾及听者的感受。然而，粗心的女人说话常常不经仔细思考，只顾自己把话说完，而忽略了听者听后所感，结果无意中得罪了别人却还不自知。

有道是"说者无心，听者有意"。误解说话者的本意是常常会出现的一种情况，这种情况可能会造成不良后果。同样的一句话，不同的人说会有不同的效果，不同的人听到了也会有不同的反应。

有一个故事说的是有家主人请客，开席的时间快到了，还有一大半的人没来，心里很焦急，便自言自语地说："怎么搞的，该来的客人还不来？"一些敏感的客人听到了，心想："该来的没来，那我们是不该来的？"于是悄悄地走了。

主人一看这种情况，更着急了，便说："怎么这些不该走的客人，反倒走了呢？"剩下的客人一听，又想："走了的是不该走的，那我们这些没走的倒是该走的了！"于是又走了一些朋友。

最后只剩下一个朋友，看了这种尴尬的场面，就劝她说："你说话前应该先考虑一下，否则说错了，就收不回来了。"主人大叫"冤枉"，急忙解释说："我并不是叫他们走哇！"朋友听了大为恼火，说："不是叫他们走，那就是叫我走了。"说完，头也不回地离开了。

所谓"智者千虑，必有一失"。就算平日里多么谨言慎行，我们也难免会在特殊情况下说出一些欠思量的话，让人误解，因而需要我们掌握一些相关的补救方法，以确保自己不会在无形中得罪人。

第一，诚挚道歉法。这种方法是最简单和最直接的，尤其适用于讲话经验尚有不足的年轻女性。一句轻声的"对不起"，不仅可以及时扭转尴尬的局面，也可以让众人看到自己的诚意，很容易就可以得到原谅。比如一句话说错，我们可以说："不好意思，我想我的表述有些不准确，我真实的想法是……"

第二，转义解释法。我们所说的每句话，基本上都可以"挖掘"出第二层含义，有时候甚至可以做出完全相反的解释。因而在我们出现口误的时候，可以立即把表达重心引向另一层释义，以便化解窘境。比如一个身形很胖的朋友穿了一件标准版型的衣服，询问我们意见，我们也许会顺口说："这也太不搭了。"话一出口，朋友的脸色可能就会有所变化，这个时候我们可以进一步说："我觉得只有那种足够大气的衣服，才能体现出你的力量感，像这种标准版型的服装，还是留给那些'衣服架子'穿吧。"

第三，将错就错法。这种方法是指在出现口误后不道歉，不解释，而是在自己说错的话上引出新的话题。如果操作得当，不仅不会造成尴尬，反而会收到意想不到的效果。比如我们在看到一个女性化非常明显的名字时，可能会习惯性地在名字后面加"小姐"或"女士"的称谓，等到对方站起来时，才发现是一位男士。这个时候我们就可以说："难怪×先生会有如此清秀的名字，原来是因为长相俊朗不凡呀。"

第四，借此转移法。这种方法是以自己的口误为跳板，简单地解释或者致歉后，立即转移到其他吸引人的话题上。

第五，自我解嘲法。自嘲是典型的幽默的表现，很多时候都能够为我们的人际交往带来帮助。如果我们不慎出现口误，这个方法自然也是一种不错的选择。比如我们在讲话过程中说错了一条信息，就可以这样说："该死的，今天早上出门又忘记吃药了。各位，请原谅一个准健忘症患者吧。"

05
善 于 为 你 周 围 的 人 打 圆 场

　　打圆场，是指交际双方因为某种原因产生误解、不快、尴尬或即将引发不必要的争端时，第三方及时出面，把此事向好的、愉快的方面加以解释，以促进人际关系的和谐，把双方的矛盾扼杀在摇篮中的一种方式。打圆场辞令，就是在这种解释中所运用的机智、巧妙、灵活、幽默等让双方都能接受的恰当得体的语言。

　　生活中，如果你善于为你周围的人解围、打圆场，使他们不至于陷入尴尬之境，使事情出现转机，那么，你就可以获得别人更多的赏识和信任，提升自己的人缘魅力。

　　人们之所以在交际活动中陷入窘境，常常是因为在特定的场合做出了不合时宜的举动，而旁人又往往不便直接指出这种举动的不合理性，于是进一步导致整个局面尴尬不已。在此情形下，最行之有效的打圆场的方法莫过于找一个视角或合理的借口来证明对方的举动在此时是正当的、无可非议的。这样一来，个人的尴尬缓解了，局面也得以继续下去。

还有一些时候，面对一些突如其来的窘境，在当事人无法解释、无力摆脱与无可奈何的时候，第三方往往可以跳出固有的思维定式，从事情的反向去思考，使窘境出现转机。这也是打圆场中较高层次的方法。

一位中国人去美国探亲，他的姐夫在西雅图开了家餐厅。一天，他正帮大姐洗碗，忽然店堂传来一阵喧闹声。原来，餐厅为招揽生意，每当客人离座时，总要奉送点心一盒，内附精致的口彩卡一张，口彩卡上面印着"吉祥如意""幸福快乐"等吉利话。眼下店堂里有一对新婚夫妇，是老主顾，昨天他们俩满怀喜悦地光顾。这天上午他们打开昨天奉送的点心盒，竟然发现没有口彩卡。这两位顾客顿时感到太不吉利了，便来"兴师问罪"。新郎还算克制，只是追究原因，新娘却委屈得快要落泪了。身为招待的外甥女，自知忙中出错，急得张口结舌。大姐不断赔礼道歉，仍无济于事。去探亲的这位弟弟不慌不忙地走到大姐跟前，微笑着，用不熟练的英语说道："No news is the best news.（没有消息就是最好的消息。）"一句话使新娘破涕为笑，新郎也顿时喜上眉梢，高兴地和他握手拥抱，连连道谢。

这句平息风波的妙语就是反向思考的结果。没有吉利的话，这当然不好，但是否就是绝对不好呢？反过来想一下，就想到了美国的一句谚语："没有消息就是最好的消息。"麻烦一下子被解决了。

在交际活动中，由于交际双方彼此缺乏了解以及种种突发事件的存在，往往会导致尴尬或僵持场面的出现，这个时候如果没有人站出来打圆场，那么就很可能引起一方或双方的不快，干扰事情的正常进行，甚至影响彼此的关系。由此可见，在交际中把握对方的心理，审时度势，然后凭借恰到好处的解释来化解尴尬与僵局，这确实是一项值得重视的能力。

第五章

说话的分寸反映女人的情商

世事洞明皆学问，人情练达即文章。

01

玩笑开过头了就是过分

在人际交往中，开个得体的玩笑，可以活跃气氛，营造出适于交际的轻松愉快的氛围。但是，开玩笑也要讲究时机和场合，更要看对象。如果你拿别人忌讳的事情开玩笑，恐怕不仅不会达到幽默的效果，还会适得其反。

小芸平时爱说爱笑，性格开朗活泼。一次在同学聚会上，她遇到了朋友小章，小章没有头发。当得知小章最近高升后，小芸快言快语地说道："你小子，可真行啊！真是'热闹的马路不长草，聪明的脑袋不长毛'。"说得大家哄堂大笑。小章红了脸，说："你的脑袋才不长毛呢。"结果原本高兴的同学聚会，闹了个不欢而散。

其实，聊天中开玩笑的人的动机大多是友好的，但若把握不好玩笑的分寸和尺度，就会造成不良后果，所谓"说者无心，听者有意"。因此，开玩笑的时候掌握一些分寸还是很有必要的。

电影《十五贯》说的就是因一句玩笑话引发的悲剧。尤葫芦喜欢开玩笑，而他的养女苏戍娟却爱较真。一次，尤葫芦对养女开玩笑说从亲戚家借的十五贯铜钱是卖她的身价。不料，苏戍娟信以为真，竟在夜里偷偷逃走。因跑得匆忙，忘了关门，正巧娄阿鼠前来行窃，杀死了尤葫芦。苏戍娟被疑为凶手而被捕下狱。

如果是别人，听了这个玩笑，撒个娇或回敬个玩笑也就算了，可尤葫芦却不顾养女的性格特点，开了这个"严重"的玩笑，酿成了悲剧。你拿对方的缺点开玩笑，即使你是无心的，也很容易被对方认为你是在冷嘲热讽。倘若对方是个比较敏感的人，你会因一句无心的话而触怒他，以致毁了两个人之间的友谊。而且这种玩笑话一说出去，是无法收回的，也无法郑重地解释。到那个时候，再后悔就来不及了。

另外，开玩笑要适可而止。普通的开玩笑，一两句说过便罢，这样绝大部分的人都是可以接受的，但是如果太过分了，任何人都不会喜欢。

一天，在外地出差的王先生接到好友的电话："你爱人掉进下水道了，被我送进了医院，你赶快回来。"王先生接到电话后，急急忙忙往回赶。回到家中，见爱人正在看电视，才知道自己被骗了。

"太气人，玩笑开得太过分了。"王先生告诉妻子，接到好朋友的电话后，根本没有想到他是在骗人。于是他找到朋友，朋友不仅不对自己的行为道歉，反而说："愚人节开玩笑很正常。"他听后十分生气，以后对这个朋友说的话再也不会认真理会了。

熟悉的朋友之间，大家互相了解，说话不受约束，是感情好的表现，也是人生的一件快事。不过，因开玩笑而使朋友不高兴的事也常有，有的甚至因为几句玩笑话而伤感情、断交情。事实上，善意的谎言和玩笑，能让周围人的生活变得轻松愉快，但一定要掌握火候。像上面案例中拿对方亲人的人身安全开玩笑的做法就实在太过火了。

在人际交往当中，只有得体的玩笑，才可以使人放松，活跃气氛。那么如何掌握好开玩笑的分寸呢？

第一，内容要高雅。开玩笑是运用幽默的语言有技巧地进行思想和感情交流的艺术，这就要求语言必须文雅。笑料的内容取决于开玩笑者的思想情趣与文化修养。内容健康、格调高雅的玩笑，不仅可以使对方放松心情，也是对自己美好形象的有力塑造。如果用污言秽语开玩笑，不仅使语言环境充满污浊的气息，而且对听者也是一种不尊重的行为。同时，也说明开玩笑者自己水平不高，情趣低俗。

第二，态度要友善。与人为善是开玩笑的一个原则。开玩笑的过程是感情相互交流传递的过程，是善意的表现。如果借着开玩笑对别人冷嘲热讽，发泄内心厌恶、不满的情绪，甚至拿取笑他人寻开心，那么你将失去很多朋友。

第三，对象要区别。人的身份、性格、心情不同，对玩笑的承受能力也不同。同样一个玩笑，能对甲开，不一定能对乙开。一般来说，后辈不宜同前辈开玩笑，下属不宜同上级开玩笑。

在同辈人之间开玩笑，则要掌握对方的性格特征与情绪信息。对方性格外向，能宽容忍耐，玩笑稍微大些也能得到谅解。对方性格内向，喜欢琢磨言外之意，开玩笑就应慎重。对方尽管平时生性开朗，但恰好此时心情不愉快，就不能随便与之开玩笑。相反，对方性格内向，但正好喜事临门，此时与他开个玩笑也无妨。

第四，场合要分清。在开玩笑时一定要分清场合，看这种场合是否可以开这种玩笑。一般来说，严肃的场合，言谈要庄重，不能开玩笑。而在喜庆的场合则注意所开的玩笑能否增添喜悦的气氛，如果因开玩笑使人扫兴就不好了。

第五，忌讳要避开。和长辈、晚辈开玩笑忌轻佻放肆，只有高雅、机智、幽默的玩笑才能使气氛变得欢乐。在这种场合，忌谈男女风流韵事。

总而言之，玩笑可以让我们的生活更加多彩，然而开玩笑时一定要掌握"度"，适可而止才能活跃气氛，增进彼此的感情。

02
说 话 的 余 地 要 靠 自 己 留 出 来

　　《格言联璧》中有云："留有余不尽之巧，以还造化；留有余不尽之禄，以还朝廷；留有余不尽之财，以还百姓；留有余不尽之福，以还子孙。"明代文学家、政治家高攀龙曾说："临事让人一步，自有余地；临财放宽一分，自有余味。"这些名言警句都告诉我们一个道理：为人处事，当留有余地。

　　世界万物大多复杂多变，任何人都不应该仅凭一家之言或一己之见而自以为是。即使在当时看来有十足的把握，也应该留有余地供别人思索，供自己回旋。否则的话，或者贻笑大方，或者把自己逼到绝境。

留有余地，不仅可以保持与他人良好的关系，在一定程度上，还能化敌为友，重建友情。这一点，《红楼梦》中的薛宝钗就很值得学习。

一次，贾母等人行令，黛玉无意中说出了《牡丹亭》和《西厢记》中的语句。这类书在当时是禁书，而从黛玉这样的大家闺秀口中说出，更是会被人指责为大逆不道，有伤风化。

好在除了宝钗，别人没有听出来。然而宝钗却没有感情用事，图一时之快，借此机会让黛玉难堪。宝钗并没有宣之于众，给黛玉留了余地，也给自己和黛玉化干戈为玉帛提供了契机。

事后，在没人处，宝钗叫住黛玉，冷笑道："好个千金小姐，好个不出闺门的女孩儿！满嘴里说的是什么？"

黛玉想起昨天失于检点，说了《牡丹亭》和《西厢记》中的两句，不觉红了脸，只好求饶说："好姐姐，你别说与别人，我以后再也不说了。"

宝钗私下里与黛玉说起此事，并在之后果然守口如瓶，没有向任何人透露半点黛玉失言之事。这使黛玉消除了对宝钗的成见，并诚恳地对宝钗说："你素日待人，固然是极好的，然我最是个多心的人……我长了今年十五岁，竟没一个人像你前日的话教导我……比如若是你说了那个，我再不轻放过你的；你竟不介意，反劝我那些话，可知我竟自误了。"

至此，宝钗和黛玉已达成和解。

抛出话音轻点一下，聪明之人便可领会。宝钗懂得在最恰当的时候点到为止，给黛玉留了七分颜面，给自己腾出三分空间。

凡事难免会有意外，留有余地，就是为了容纳这些意外。杯子留有空间，液体就不会外溢；气球内留有空间，便不会爆炸；一个人做事留有余地，便不会因为意外而下不了台。

我们不仅要在做事时讲求留有余地，说话也同样如此。因为很多事情我们无法预料长久的发展态势，有时也无法了解事情的发生背景，所以，对一些事情切不可妄下断言，不能把话说得太满，要考虑到一些其他的可能性，以免使自己没有丝毫回旋的余地。

谈话中留有余地，是懂进退的体现。这如同在战场上，进可攻，退可守。虽说未必能战无不胜，但至少不会一败涂地。

03

你说话太直，别人为什么不介意

古人所谓："片言之误，可以启万口之讥。"说话宜少不宜多，宜小心不宜大意。说话之前，得先想一想，替听你说话的人考虑一下，他愿意听的话，才出口谈之，他不愿听的话，还是不说为妙。

一些女人喜欢直言快语，有什么说什么，从来没有什么忌讳。这种性格虽然没什么不好，但是这种说话方式，我们不提倡。因为很多时候，直言快语如一把刀子，易伤人。一些女人说话随意，不考虑对方的感受，不考虑说出的话会导致什么后果，常给自己惹来不必要的麻烦，给自己的人际关系造成伤害。

梁思蓉是个心直口快的女人。有一次，她在保龄球馆和办公室的同事打球，对方是初学，球艺自然不行。出于好心，她便当教练教起对方来。打球过程中她一会儿说人家"真臭"，一会儿说"你这人看起来挺精明的，怎么学打球这么笨"。气得同事不客气地说："你说话可不可以含蓄点？""含蓄什么？你笨就笨嘛，还不让人说了，真是的！"就这样，同事气得转身走了。两个人弄得十分不愉快。

言语可以是糖，让人听了心里甜蜜；言语又能变成一把刀，刺得人心里流血。直言直语的女人会让人对她痛恨不已，而说话含蓄的女人则会使人对她心生好感。

在现实生活中，有些人拥有吃苦耐劳、任劳任怨的精神，工作能力也极强，但就是因为不会说话，结果总是碰壁。

沈婉莹是一家公司的职员，她心地好是大家公认的，可是一直升不了职。和她同年龄、同时进公司的同事不是外调后独当一面，就是成了她的顶头上司。另外，别人虽然都称赞她"人好"，但她的朋友却并不多，在公司里也常独来独往，好像不太受欢迎的样子……问题就在于沈婉莹说话太直了，总是直言直语，不加修饰，于是直接或间接地影响了她的人际关系。

事实证明，在我们每天的生活中，说什么，怎么说，什么时候说，话说到什么程度，都需要注意。在生活中，说话是一门艺术。很多时候，有些人处处碰壁就是因为没掌握说话的艺术。

程青青是某单位的办公室文员。有一回，部门主任王姐请部门的同事吃饭。这天王姐穿了件新衣服，别人都称赞"漂亮""合适"，可当人家问程青青感觉如何时，她直接回答说："这件衣服的确漂亮，但是您身材太胖，不适合。"

这话一出口，王姐和周围大赞衣服如何如何好的人都很尴尬。

不管什么时候都不能说人家的短处，即便对方是你的朋友，我们也不要随意取笑他的缺点。取笑他人的缺点伤及他人的人格、尊严，违背了活跃气氛的初衷。

直言直语是一把利剑，我们需给这把剑加上剑鞘，让语言含蓄一些，不要冒犯别人。

因此，说话时要注意以下四点。

一是了解对方的软肋。一个会说话的女人一定要善于观察，知道对方的软肋在哪里。这些软肋不是用来捏的，而是作为自己发挥的突破口。

二是说话不可太直白。发现对方的问题，留七分说三分，点醒对方就可以了，甚至我们需要装没看见。你别以为如实相告，别人就会感激涕零。在人际场，我们永远不可能率性而为、无所顾忌，想说什么就说什么。在话语出口前，请一定考虑对方的真实感受，这是为人处世的基本法则。

三是措辞要谨慎。在开口之前先思考，或者在说之前自己演练一下。说出去的话就是泼出去的水，覆水难收。你无法收回那些讥讽、伤人的话，但你可以防止它们从自己的口中说出。

四是注意说话的语气。大喊大叫可不好，当然，讥讽或卑微的口吻也不好。为了将自己的意思表达到位，你必须注意说话的语气。把自己说话的语调当作音乐旋律，把自己要说的话当作抒情诗，这将有助于你像唱一首令人愉快的歌那样把想说的话表达出来。

04

切忌在背后论人是非

如果在聊天聚会的时候，你总是喜欢讨论别人的八卦，就会一不小心踩到"雷区"。如果你议论的内容传到了别人的耳朵里，或者被有心人记下，那你就麻烦了，所谓祸从口出，就是这么回事。

俗话说："众口铄金，积毁销骨。"一句话好像无足轻重，可是如果是一传十、十传百，人人都说，那么往往对另一个人的影响会非常大。

沈莹在一家待遇很好的单位上班。在他们办公室还有三个人，苏阳、小王和老赵。上司的办公室在另外一边，他总是有事没事就到沈莹他们的办公室巡视。

有一次上司去开会了，估计要下午才回来，便将一些工作交给沈莹他们，说是一定要在下班之前完成。沈莹他们表面上答应，但是上司一走，几个人就没有什么顾忌地聊起上司的八卦。

苏阳撇撇嘴道："咱们头儿真是烦人，啰里啰唆的，一项工作任务要吩咐好几遍，烦死人了。"

沈莹的位置正好背对着办公室门口，沈莹正在哈哈大笑的时候，看见对面的苏阳脸色变了。连忙回过头一看，上司就站在门口，脸色阴沉地瞪着他们几个。四个人顿时手足无措，站也不是，坐也不是。上司说了一句："我是回来拿文件的。"说完拂袖而去。

在背地里议论别人是一种不道德的行为，我们要时常怀着感恩之心，养成背地里不说别人坏话的习惯。这对于任何一个有修养的人来说相当重要。

05
职场有规则，办公室的谈话禁区

世上没有不透风的墙，老话自有道理。今天你和某同事说"小张能力不行，办不成事"，过不了两天话就会传小张耳朵里了。从此小张对你记恨在心，你不知不觉就把人得罪了。

在办公室，不管面对的是谁，说话都应有一定的禁忌，否则你就是在给自己制造职场危机。

所谓祸从口出，自己一次无心的议论也许会变成他人成事的跳板，所以记得一定要管好你的嘴巴。不该说的话坚决不要说，不能轻易在同事面前抱怨或者倾诉，你可以找生活中的朋友或者同学来排解烦忧。

那么，在办公室说话要注意哪些事项呢？

第一，回避薪水的话题。很多公司都不喜欢职员之间互相打听薪水，因为员工的工资往往有不小的差别，所以发薪时老板有意单线联系，不公开数额。

不做"包打听"的人。如果碰上"包打听"的同事，最好早作打算，当他把话题往工资上引时，你要尽早打断他，说公司规定不谈薪水；如果他语速很快，没等你拦住他就把话都说了，也不要紧，可以进行冷处理（如说"无可奉告"）。有来无回一次，就不会有下次了。

同样，有些话如"公司福利不好""公司老让加班，不给加班费"等，在同事之间，说了也是白说，因为你不是老板。反而容易被人添油加醋，传来传去，一不小心传到老板的耳朵里，落得连申辩的机会都没有。

第二，做个含蓄的人。不是你不坦率，而是要分人和分事，从来就没有不分原则的坦率，什么该说，什么不该说，心里必须有数。就算你刚刚买了一辆好车或利用假期去欧洲玩了一趟，也没必要在办公室炫耀。有些快乐，分享的圈子越小越好。被人妒忌的滋味并不好，因为容易招人算计。

第三，在办公室不谈私人生活。无论是失恋还是热恋，别把情绪带到工作中来，更别把故事带进来。办公室里闲聊起来只图痛快，不看对象，事后往往懊悔不迭。

第四，别拿现单位和原单位比。某公司的一位销售经理上任后始终不能摆脱过去公司的"痕迹"，处处拿过去的公司同现在的公司做比较，尤其在公司会议上，经常谈到过去公司的状况，"我们过去如何如何"几乎成了他的口头禅。公司员工当面不说，背后私下议论："既然过去的公司那么好，干吗跳槽过来呢？"可他全然不知，继续我行我素，以至于其他部门的员工都知道他的这一习惯，引起了许多同事的不满。

工作间歇，大家很愿意找些话题来放松一下。但是，为了不让闲聊入侵私人领域，最好有意围绕新闻、娱乐、影视作品、股票等大众话题，放得开而且无伤大雅。学习控制自己的舌头，因为说话没有"橡皮擦"，不能再把说出去的话擦掉。

06

不要把抱怨的话留在办公室

美国心理学家南迪·内森的一项研究发现：一般人的一生平均有十分之三的时间处于情绪不佳的状态。因此，人们常常需要与那些消极的情绪做斗争。

身在职场我们难免会受一些消极情绪的困扰，但不管怎样，切记不可在上司面前说消极的话，显露消极情绪，因为这样会影响我们的大好前程，会轻易改变别人对我们已有的良好印象。

付芳芳在一次和同事聊天时，同事一时高兴说了本不应该说的话："上个月，上司给我涨工资了！"说者无心，听者有意，付芳芳当时没有说什么，但是心里却不平衡，心想："论工作能力，论工作量，我都超过他，凭什么给他涨工资呢？"

于是付芳芳把对上司的不满转移到工作上，她开始消极工作。上司分给她一个任务，之前一般三天能完成，现在要五天才能完成。上司问她，她总能找到各种各样的理由。

一段时间后，上司知道了付芳芳带着消极情绪工作，和同事关系也不太融洽，于是决定找付芳芳谈话。

"小付啊，最近看你情绪不佳，状态不是很好，有什么困难就说出来，能解决的公司一定解决。"上司说。

听上司如此说，付芳芳觉得自己没什么错，本来就是公司待遇不公，既然上司问起，何不全部告诉上司？说不定上司能帮自己解决。于是，付芳芳就把自己对工作的抱怨一股脑地跟上司说了。

上司非常有耐心地听完了付芳芳的抱怨，说道："这些事我了解了，你先去忙吧。"

付芳芳以为有望加薪，没有想到的是，没过多久，她就被解雇了。

在这里，付芳芳犯了两个致命的错误：一是她不应该把消极情绪带到工作中来；二是她不应该在上司面前抱怨，显露自己的消极情绪。

身在职场应该坚持只将自己的积极情绪带进办公室，因为不同的情绪会使自己和团队的工作效率和氛围大有不同。将情绪带进办公室，就好比在自己的工作中戴上了有色眼镜。情绪不好的时候看什么都不好，都会挑出毛病；情绪好的时候，工作起来就会很放松，还可以带动同事快乐地工作。如果在某件事情上，感觉压力很大，应该先做一些轻松或者比较容易处理的工作，既化解了自己的不良情绪，又没耽误其他工作的进行。

在工作中，抱怨是没有任何帮助的。与其抱怨，不如向公司呈现一贯良好的工作状态。

第六章

优雅永不过时，气质
是女人最强大的资本

肤的方寸之间。

一个人怎样，并非完全取决于他身体发

01

做 一 个 有 魅 力 的 气 质 女 人

　　气质是指人相对稳定的个性特征、风格以及气度。性格开朗、潇洒大方的人，往往表现出一种聪慧的气质；性格内向、温文尔雅的人，多显露高洁的气质；性格爽直、风格豪放的人，多表现为粗犷的气质；性格温和、秀丽端庄的人，多表现为恬静的气质。无论是聪慧、高洁，还是粗犷、恬静，都是一种气质美。

　　时光可以扫去女人美丽的容颜，却扫不去优雅的气质，这份真正的美丽就是女人的内涵、修养和智慧。

　　拥有内涵的女人才是一个有气质的女人，不断丰富的内涵和修养可以提高女人的智慧，使女人焕发出迷人的风采。

气质女人的内涵体现在工作中，女人想要独立自强必须工作。有内涵的职业女性有着让周围人不可抗拒的力量，而这股不可抗拒的力量往往能帮助女性在工作中有所成就。有内涵的女人在职场中往往不会因为某件事情而大发雷霆，也不会因为某个人不经意的话语而记恨在心。气质让女人在为人处世中显示出风度，做出得体的行为，并且用内在品质树立自己的权威。

气质女人的内涵也体现在生活中。气质和内涵是历练出来的，简单地说，一个女人在生活中所体现出的修养和对待生活的态度是个人内涵的外在体现。

高太太和陈太太同住在一个别墅区。高太太是专职作家，从事文学创作；陈太太是家庭主妇，丈夫的收入让她衣食无忧。

同是物质丰足的女人，两个人却有着本质的区别。高太太在生活中注重精神上的提升，而陈太太却将目光投向物质上的满足。一天，两个女人不期而遇，只见高太太素面朝天，一身休闲装扮，身上除了结婚戒指，再无其他饰品。而陈太太周身珠光宝气，身着昂贵的服装，浓妆艳抹，超大的戒指闪着耀眼的光。

陈太太看到"寒酸"的高太太，一分自豪感涌上心头，不禁向高太太炫耀道："我老公就是疼我，这只钻戒是他从南非带来的。"说完，立即将手伸到高太太面前。面对炫富的陈太太，高太太忍俊不禁，附和道："是的，很漂亮。"之后，两个人相互道别离开。

不久，陈太太在与小区里的朋友闲谈中得知高太太身上唯一的饰品——

结婚戒指是祖传之宝，属于稀世珍品，价值不可估量。听到这个消息后的陈太太目瞪口呆，说："我向她炫耀钻戒的时候她为什么不告诉我呢？"

小区朋友听后哈哈大笑，说："这就是你和她的区别，高太太从来不注重物质，她更多地追求生活的本质。在她的眼里，价格不菲的饰品根本比不过纯真自在的生活状态。"

听到朋友的解释后，陈太太羞愧地低下了头。她终于明白女人的气质和内涵在生活中占有主导作用，堪称生活的灵魂和引路灯。陈太太自言自语道："看来要想在生活中得到真正的幸福，仅仅拥有物质财富是不够的，更多的是要靠自己的气质和内涵去创造啊！"

气质是女人魅力的源泉，就如同一座山上有了水就有了灵气一样。

一位有名的女企业家说过："气质与修养不是名人的专利，它是属于每一个人的。气质与修养也不是和金钱、权势联系在一起的，无论你从事何种职业，在任何年龄段，哪怕你是这个社会中最普通的一员，你也可以有你独特的气质与修养。"所以，气质对每一个女人都是公平的，每一个女人都有机会展现自己独特的魅力。

女人在生活实践等后天影响和自我培养下，将气质于处理问题、人际交往中显示出来。气质看似无形，实为有形，它通过女人对待生活的态度、个性特征、言行举止等表现出来。气质体现在女人的举手投足之间。热情而不轻浮，大方而不傲慢，得体而不刻板，正是气质的存在为女人增添了美丽。

02

博览群书，腹有诗书气自华

女人的美有两种表现：一种是外在的形貌美，另一种是内在的心灵美。

外在美既能给自身以极大的心理满足和心理享受，又能给他人以视觉上的美感，使人赏心悦目。追求外在的形貌美，是女人的天性，不应加以禁锢和压抑，而应该从美学上进行积极引导。

内在的心灵美可以给人留下难以磨灭的印象，能让人发自内心地欣赏，给人的心灵留下深刻的印象。所以，内在美比外在美更具有无可比拟的深度与广度。

化妆是女人们津津乐道并乐此不疲的话题。有人说"没有丑女人，只有懒女人"，认为只要化妆得宜，勤于化妆，精于化妆，按照自己的特点化妆，再丑的女人都能变漂亮。即使算不得美女，至少也比本来面容好得多。女人的爱美之心无可非议，但外表的化妆只是最低层面的。

著名作家林清玄就曾在《生命的化妆》一文中写到，女人的化妆有三个层次，最高的层次是让自己变得博学多识、品位高雅。而做到上述要求，唯一的途径就是多读书、多思考，用积极乐观的心态生活。

"一本新书就像一艘船，带领着我们从狭隘的地方驶向生活的无限广阔的海洋。"这是美国女作家海伦·凯勒说过的话。

张晓静是那种干练好强的女人，在一家大型对外贸易公司做经理助理。她并不漂亮，但她是公司里最受欢迎的"人气女王"，于是很多女同事都向她取经。

面对同事们的问题，她并没有直接回答，而是微笑着从手袋里拿出了两样东西——化妆品和叔本华的哲学书。大家都很惊奇，一个女人随身携带化妆品和时尚杂志不奇怪，带着一本哲学书就让人迷惑不解了。

张晓静看着同事们迷惑不解的眼神，优雅地一笑，说："时尚杂志只教会了我如何穿衣装扮，而叔本华教会了我如何装扮自己的心灵，看到生活的真谛。一个女人的魅力不在脸蛋，而在于她的内涵。"

罗曼·罗兰曾说:"知识是唯一的美容佳品,书是女人气质的时装。书会让女人保持永恒的美丽。多读一些书,让自己多一点儿自信,加上你因了解人情世故而产生的一种对人、对物的爱与宽恕的涵养,那时你就自然会有一种从容不迫、雍容高贵的风度。"还有人说:"世界有十分美丽,但如果没有女人,世界将失掉七分色彩;如果没有读书的女人,色彩将失掉七分内蕴。"

的确,知识可以拂去内心的空虚,改变语言和行为的低俗,让女人们变得自信、优雅、积极。

03
才情是一件穿不旧的衣裳

纵观历史，才华横溢的女子比比皆是。比如班昭、蔡琰、薛涛、谢道韫、鱼玄机、严蕊、李清照、朱淑真、秋瑾等。她们拥有才识、能力，腹有诗书气自华且腹有诗书才华。

学识渊博、品味高雅的女人是最有魅力的，更能取得事业和生活上的成功。即使相貌平平、素面朝天，也丝毫不影响她们发挥自身的魅力。而且这样的女性具有一种独特的美，是一种超越表面的更深层次的美。

有才之女，更通俗的说法就是知识女性。营造良好的心境是知识女性的必修课。良好的心境能使人心态平和，让人能迎难而上。而消极的心境只会使人意志消沉，甚至让人产生悲观厌世的情绪。知识女性如果能以积极的心态拥抱生活，培养多种业余爱好，就能陶冶情操，让生活幸福。

十九世纪英国著名作家夏洛蒂·勃朗特所著的《简·爱》影响了很多女人对人生的态度和对幸福的追求。其貌不扬的简·爱身材瘦小，既无金钱也无地位，但是生活的磨炼造就了她不凡的气质和丰富的感情世界。从女主人公身上，我们看到敢于抗争、坚强独立的精神。

"你以为，因为我穷，低微、不美、矮小，我就没有灵魂没有心了？你想错了！我的灵魂跟你的一样，我的心也跟你的完全一样！要是上帝赐予我财富和美貌，我一定要让你难以离开我，就像我现在难以离开你。我现在与你说话，是我的灵魂与你的灵魂说话，就像我们两个人穿过坟墓，站在上帝脚下，彼此平等——本来就如此！"简·爱对罗切斯特如是说。

简·爱是拥有十足智慧的女人，她用自己的行动告诉世人：我虽然不美丽，但是我有权利追求一份平等的爱情和幸福；我虽然不美丽，但是富有挑战和抗争的精神，聪明好学并自尊自爱，尽管地位卑微却不甘平庸。她明白，要想赢得幸福的爱情不是靠一味地讨好。聪明的简·爱用平等和相互独立作为爱情的基础，最终赢得了罗切斯特的尊敬和爱，得到了想要的幸福。

每个女人都是生活中的主角。我们要记住这样一句话："运气和美丽总有一天会离我们而去，而智慧不会。"

04
仪态是优雅女人的华美外衣

　　仪态对女性整体形象的塑造有着非常重要的作用，女人的仪态与相貌有着同等的重要性，能够共同显示女人的气质和风度。如果"站无站相，坐无坐相"，相信即使再漂亮的相貌也会大打折扣。相貌是天生的，但仪态可以通过后天的训练来改变。

　　成功的社交，既要有动人的谈吐，又要有得体的表情动作，方可趋于完美。语言较多地显示着内在的思想和智慧，举止则更多地显露着外在的风度和形象。

　　身体语言能弥补有声语言的不足，它通过有形可视的、具有丰富展现力的各种动作和表情，协助有声语言将内容准确无误地表达出来。

想要巧用身体语言，先要懂得如何设计完美的身体语言。

在日常生活中，人们的举手投足、一颦一笑无不传递着大量信息，显露出主体的思想感情和文化修养。身体语言的设计和运用能使谈话声情并茂，使谈话者显得风度翩翩、仪态万方。

第一，正确的坐姿。坐时，上身要直，两眼平视，下巴往后收，脖子要直，胸部挺起，脊椎骨和臀部呈一条直线。

上身要随时保持端正，如为了尊重对方，可以侧身倾听，但头不能太偏，双手可以轻搭在沙发扶手上，但切不可手心朝上。双手也可以相交，搁在大腿上，但相交位置不可过高，最高不超过手腕两寸。左手掌搭在大腿上，右手掌搭在左手背上，也是一种很优雅的姿势。

第二，优雅的步态。走路仪态可以真正看出一个女性的仪态美，因为这时的她全身都是动感的。走的时候，身体要平衡，要从容前进。

第三，举放自如的手。当发表意见时，最好让右手在上、左手在下，虎口相交放于下丹田处；双手也可以自然地放在身体两边，或插在衣兜里，或放在背后。总之，能让你的情绪平和就可以了，不要过多地注意双手放的位置是否有碍观瞻，更不必顾虑听众会留意你的手的位置。

如果在说话时将注意力集中于真情的流露，双手就会成为你表达意思的工具，会帮助你说话。不要用手玩弄自己的衣服，听众会因此转移注意力，且会让你显得愚拙。

第四，传情达意的表情。表情，即面部表情，主要是脸部各部位对情感体验的反应动作。常用面部表情的含义有：咬唇表示坚决，撇嘴表示藐视；鼻孔张大表示愤怒，鼻孔朝人表示轻蔑；嘴角向上表示愉快，嘴角向下表示敌意；张嘴露齿表示高兴，咬牙切齿表示愤怒；神色飞扬表示得意，目瞪口呆表示惊讶。

第五，会说话的眼睛。交谈时，要敢于且善于同别人进行目光接触，这既是一种礼貌，又能帮助维持一种联系，谈话在频频的目光交流中可以持续不断。更重要的是眼睛能帮你说话。

交谈中不愿进行目光交流的人，往往让人觉得是在企图掩饰什么或心中隐藏着什么事；眼神闪烁不定则显得精神不稳定或不诚实；如果几乎不看对方，那是怯懦和缺乏自信的表现。这些都会妨碍交谈。当然，和别人进行目光交流并不意味着一直盯着对方。

研究表明，交谈时，目光接触对方脸部的时间宜占全部谈话时间的百分之三十至百分之六十。超过这一界限，可认为对对方本人比对谈话内容更感兴趣；低于这一界限，则表示对谈话内容和对方都不感兴趣。每次看对方时间不超过四秒。

但是，集会中的独白式发言，如演讲、作报告、发布新闻、产品宣传等则不一样，因为这些场合的空间大，讲话者的视野广阔，必须持续不断地将目光投向听众，或平视，或扫视，或点视，或虚视，这样才能跟听众建立持续不断的联系，收到更好的效果。

05

良好的品性与修养是你的招牌

十八世纪政治家、思想家埃德蒙·伯克曾说过："修养比法律还重要……它们依着自己的性能，或推动道德，或促成道德，或完全毁灭道德。"对于女人来说，良好的修养既是女人的招牌，也是女人的未来。

无论是在生活中还是在工作中，我们都希望自己能成为一个受欢迎的女人，也希望自己有许多知心朋友和我们一起分享快乐、承担痛苦。形象设计师罗伯特·庞德曾经说过这样的话："这是一个两分钟的世界，你只有一分钟展示给人们你是谁，另一分钟让他们喜欢你。"

在人际交往中，别人喜欢或憎厌你，是由你的社交水平、品位以及为人处世的方法所决定的。真正的修养不是做给别人看的，而是发自内心的，不是有人看时你才会做，没人看时你就不做。中国有句古话叫"己所不欲，勿施于人"，或许是对修养的最好诠释。修养与习惯紧密相连，良好的习惯久而久之会成为一种自觉的行动，内化为修养。想要做到有修养，应该从培养良好的习性开始。

第一，谦恭自律，不要争强好胜。初入社会，年轻人接受新知识、新观念快，富有开拓创新精神，这是一种难得的优势，但如果把这种优势误作为追求名利、哗众取宠、恃才傲物的资本，就很容易走入狂妄自大、争强好胜的误区。在社交场合，无论自己的知识多么丰富，口才多么犀利雄辩，你都应该时刻以谦恭的态度严格约束自己。这样，个人的威信和形象不仅不会受影响，反而还会使你获得很好的人缘。

第二，学会独处。这也有助于培养良好的习性。试想，一个人如果不能和自己好好相处的话，又怎么能好好地和他人相处呢？

第三，知道如何欣赏他人。培养一种将别人视为独立个体的能力，并欣赏这种个性的差异。要知道，每个人身上都有不同于别人的足以让对方尊敬和钦佩的长处，但你只有先找出别人独特的地方，才会欣赏别人。

第四，培养享受成功的习惯。在你的日常生活中，时常回味一下自己所做的事情，并时常期待美好的事情发生，如果事情的进展真的如你所预料的那样，就好好庆祝一番，继续强化你愉快的感觉。

第五，学会包容，不要针锋相对。有些人遇事容易激动，尤其在自以为正确的情况下，更易理直气壮、咄咄逼人，这种处世方式是很不受欢迎的。

要知道，生活中每个人都有心气不顺的时候，如果对方所说的话让你感到不悦甚至反感，不妨充耳不闻。假如对方的行为让你觉得不顺眼，不妨视而不见，不必过分认真、锱铢必较，要学会包容对方。

第六，拥有自己的观点。对于你认为很重要的事情，如果别人和你持相反的意见，就直面他们。这对你得到别人的认同有很大的影响，通过这种方式让别人知道你具有坚定的信念和成熟的判断力。你如果没有自己的观点的话，将很难成为一个受人喜欢的女人。

第七，尝试培养关怀别人的能力。和别人的生活建立一种密切的关系，这将会使你的生活更丰富，也会使你更可爱。

第八，学会分享朋友的快乐。同情别人的悲伤，这一点我们大多数人都能够做到，但也要学会分享朋友的快乐。你如果具备这种特质，自然也就成为一个受人欢迎的人了。

第九，勇于塑造理想的自我。你是一个完全独立的个体，你不要把自己看成别人生活的牺牲品，也不要把别人看成你的附属品。你与别人一样拥有自我创造能力，这种能力会使你和别人同样可敬。

第十，控制自己的情绪。情绪不稳定是人际交往中的一大杀手。实际上，当你不能改变别人的时候，你完全可以控制自己的情绪。此外，你不要总是认为他人就该承受你变幻无常的情绪，因为如果你自己都不能控制你自己的情绪的话，他人更会退避三舍、逃之夭夭。

第十一，检点言行，不要打探私事。特别是刚踏入社会的人，对什么都感到新鲜，因而乐于打破砂锅问到底。殊不知每个人都有不愿与他人分享的隐私。所以，不要去询问别人的私生活。假如对方愿意把事情告诉你，你千万不要把知道的私事当作新闻一样到处传播。

总之，良好的修养和气质不是一朝一夕或者改变外观容貌就可以拥有的。它需要我们时刻关注自己的言行，慢慢培养。

第七章

女人要懂得用性别优势取得成功

我们身上必然具有某种品质，正是这种品质将我们希望的东西吸引而来，它们绝不会不请自来。

01
你同样优秀

　　就社会的整体环境来说，依然存在着不少阻碍女性发展的不利因素。

　　女性要在职场上取得更好的成绩，首先一定要对自己充满信心。自信是一切事业成功的第一要素。没有自信，哪怕再简单的事情都无法做得完美；而有了自信，你就能把许多困难视如平常，你就能把自己的本职工作做得非常出色。

　　只要你勇于面对一切，敢于自我挑战，你在职场上将会同样优秀。

　　罗伊方是一家公司的部门经理。一旦你和她交谈，你就会被她的

幽默风趣和睿智干练所折服。然而，几年以前，她却完全是另外一种状态。

几年以前，罗伊方是一个内向寡言的女子。尽管她一直羡慕那些在大会、小会上都能口若悬河的男同事们，可她觉得，作为一个女人，如果像男人一样话多，会很不体面，一定会给人留下好斗逞强的坏印象。因此，她在任何场合都缄默不言。

后来她感到，再如此下去会前途堪忧。

由于她不善于表达，常被误认为对公司的事情漠不关心。她尽管委屈，但也明白，不是人家没给她机会发表自己的看法，而是自己不敢说。后来，她暗下决心要大胆地开口讲话。

罗伊方真的做到了。在目前就职的企业中，由于她总是能将自己的见解深入浅出地表述出来，由于她的话语幽默风趣，工作能力和个人亲和力都得到了极好的表现，因此在企业的干部调整会上她被破格升任为部门经理。

女人要谨记：假如你随波逐流，被动地接受命运的摆布，缺乏改变的巨大勇气，那么你终将毫无建树。

在职场上，最根本的并不是性别之分，而是能力的强弱之分。能够为企业创造更多的效益，你就是优秀的，就会得到老板的赏识。明白这一点后，你就该把全部身心倾注到你的工作中，成功便会向你一步步走来。

挖掘自己的职场潜能

不管是男人还是女人，都蕴藏着巨大的潜能。而每一个事业有成的女人，她们都拥有一个显著的共同点，就是能不断挖掘自己的潜能。

人的潜能仿佛地下的矿石，需要被发现、被挖掘。

我们每一个人都具有非凡能力，我们能够获得的成就超出我们的想象。因此，任何时候都不要看低自己的能力。

那么，你可能会问：自身的特长与优势在哪些行业能得到更好的施展与发挥呢？

要选择能够充分展示自身优势的行业，首先要了解你自身的优势在哪里。国内外许多研究结果显示：女性在就业时的优势主要有语言能力的优势、形象思维能力的优势、交际能力的优势、管理能力与忍耐能力的优势等。这些优势都是女性非常重要的职业品质，如果女性能够充分发挥这些优势，那么对个人未来的发展是十分有帮助的。

第一，语言能力的优势。一般来说，女性驾驭语言的能力更为出色。因此，女性在文字整理、报刊编辑与教育工作之中，更能发挥自身的优势。

第二，形象思维能力的优势。在一般情况下，女性的形象思维能力比男性的强，而且在想象的内容方面，会比男性更为细致与全面，所以，服装设计、企业策划等工作，更能发挥女性自身的这些优势。

第三，交际能力的优势。女性普遍都具有温顺和蔼、容易与人相处、感情丰富细腻、善于观察细节、善于体谅他人等特点，而这些特点如果能运用到人际交往之中，就能起到事半功倍的作用。为此，女性在公关、商品推销、咨询服务类行业中可以充分发挥其优势。

第四，管理能力的优势。受过高等教育的女性，一般都具有一定的专业知识，个人修养又较好，而且能够广泛地听取各方的意见，善于与他人合作，所以，女性在行政管理、人力资源管理等工作上具有一定优势。

第五，忍耐能力的优势。女性具有沉着、耐心、细致等特点，多数女性可以在相当单调乏味的条件下，耐心细致、认真负责地工作，所以，女性可以在图书管理、档案管理、资料收集、信息处理方面去锻炼自己。

以上的这些优势使女性在一些特定的行业里越来越成功，并被社会各界广泛认可。所以，女性在求职的时候，一定要充分利用女性较强的感知能力、富有创意的思维能力、认真细致的优势，选择适合自身特质的行业，这样才能使你在这个行业里有更好的发展。

03
改掉工作中的不良习惯

　　培根说："用智慧培养出来的习惯，能成为第二天性。"因此，要想成为一名优秀的职业女性，就一定要养成良好的习惯，摒弃坏习惯，改正不良习惯，重新定位自己的生活，让好习惯成为你的第二天性。

　　很多职业女性都认为，坏习惯很难改变。实际上，习惯是由重复制造出来并根据自然法则养成的，就如我们的一言一行都是日积月累养成的习惯。那么，习惯完全可以经过主动积极的改变而重新培养。只要你高度重视它，持之以恒地摒弃坏习惯，避开诱因，用一个新习惯（同样使你感到满足的）来代替它，就没有不能改变的。

那么，现代职业女性通常具有哪些不良的工作习惯呢？

第一，缺乏时间观念。守时是一种良好的习惯和美好的品德，也是女性在职场中必须遵循的职业道德。职场中，守时体现于上班、下班要守时，交货、付款要守时，要信守承诺，按时到达要去的地方。如果不尊重别人的时间，就别指望别人会尊重你的时间。

在日常工作中，首先，必须严格遵守工作时间。上班不迟到，下班不早退。遵守时间是最基本的工作态度，也是对自己最起码的要求。其次，不因私事影响工作。不在工作时间接打私人电话，不因私事带亲人朋友来单位，以免影响工作效率。再次，不因玩乐耽误工作。在休息日的最后一天，要做一个心理调整，想一想未来该做哪些工作，制订一个周密的工作计划，带着清醒的头脑去上班。

第二，健忘。工作中被问起一些人名、电话或工作期限时，你总是哑口无言，然后猛翻记录，这会降低别人对你的信任程度，上司会怀疑你对工作无兴趣，做事无条理。

克服健忘的坏习惯，你可以聆听别人的自我介绍，常用的电话号码标在醒目处，加深印象；尝试写工作日程表，以便提醒自己每天应做的事情。

第三，容易写错别字。你已不再处于求学阶段，但在写备忘录、留言、商业信函或履历表时，若常出现错别字，就会令人觉得你粗心大意。要养成良好的职业习惯，就不要总是用"没有仔细检查"的借口；而要改正这种习惯性的错误，你一定要将编制的文件细心阅读一遍，如果没有把握，不妨请同事帮忙看一看。

第四，过分保护自己。上司向你提出建设性的批评意见，你却搬出一大堆理由辩驳，将责任推到别人身上。这说明你胸襟不够宽广，不乐于接受别人的批评，处处设防。这会妨碍你与上司的沟通，甚至引起冲突。对于这一不良工作习惯，你可以尝试为自己的行为负责，不要总是推卸责任。

第五，依赖心强。总像孩子般依赖别人，缺乏独立的工作能力；当上司征询意见时，你不能提供有价值的建议，或支支吾吾，或干脆不理不睬。这种不成熟的表现，难以让别人对你放心地委以重任。解决这一问题，你需要培养独立思考的习惯，不要怕犯错，要大胆表达自己的见解。

第六，丢三落四。丢三落四的习惯是走向成功的绊脚石。改善这个坏习惯，你可以参考以下三个方法。

一是每天记日记。我们每天会有很多重要的事情由于没有记载下来、没有进入自觉意识领域而被淡忘。因此，坚持每天记下你最重要的行动、想法、梦想和成绩。一年之后，回过头来阅读自己写下的细节，你肯定对自己所表现出的洞察力感到既惊讶又高兴。

二是把东西固定放在某一地方。一些专家声称，把物品放在恰当的地方，能把你遗失物品的可能性降低百分之五十。你把它放得离使用的地方越近，遗失的可能性就越小。很显然，烹调餐具应放在厨房，手纸放进洗手间，这样可以在很短的时间内找到所需要的东西而不必到处乱找。

三是留有备件和副本。有时丢失的东西无法找到，因此一些重要的东西包括钥匙、眼镜都要另备一份。重要的文件应复印一份，但不要把原始文件藏在很隐秘的地方，以免忘了它放在什么地方。

04

处理好工作与生活的关系

职场中，有很多职业女性总是强迫自己无休止地工作，工作几乎成了生活的唯一内容，她们被称为"工作狂"，具体表现为对工作沉迷上瘾，拒绝休假，公文包里总是塞满了要处理的文件，如果让她们休息片刻，她们会认为这纯粹是在浪费时间。然而，这样的拼命工作并没有带给她们任何幸福的感觉，她们中的很多人不但没有成功，反而感受到难以解脱的束缚、深深的无力感，有的甚至疏远了亲人，淡漠了感情，家庭破裂者也不在少数。

张珂是一个极度勤奋的主管，对工作始终抱着"工作就是生活的全部"的态度，甚至要求她的下属也和她一样拼命工作。直到有一天，她的儿子因意外而腿部骨折，张珂才挤出一些时间去医院看望儿子，但是儿子对她的态度如陌生人一般，拒绝接受她的安慰和关心。

经过这件事，张珂开始反思，她发现自己错过了生活中很重要的东西——亲情。为了弥补自己对于亲情的忽视，张珂积极寻求解决方法，与丈夫和儿子坐下来认真沟通，并提出"要以工作素质来评价我的能力，而不是以我逗留在办公室的时间作为表现的准则"。

事业的成功固然很重要，但如果为此牺牲了健康和家庭，就得不偿失了。而且，当一个人工作得太久了，疲惫感便会产生，厌烦感也会逐渐侵入，这时如果不改变一下工作的步调，很可能会造成情绪不稳等其他情况的发生。

还有一些职业女性为了家庭而放弃了自己的事业。

很多女性在结婚、生孩子之后不知不觉对工作的态度有所转变，失去了从前的进取心，事业处于停滞不前的状态；还有一些女性是受到了一些突发事件的影响，比如家中亲人去世、失恋等，在打击面前，她们首先放弃的是自己的事业。最终要么因工作做得不好而失去了经济基础，要么因灰心丧气失去了人生目标，每天混沌度日。

让生活充满秩序，有规律地工作与生活，才是一个现代职业女性处理生活与工作关系的正确方式。那么，现代职业女性应如何让自己的生活充满秩序，以减轻压力，更好地投入工作之中呢？对此，社会学家建议遵守以下这些原则。

一是培养高雅的爱好。很多成功女性都充分利用业余时间培养自己的爱好，业余爱好与本职工作并不矛盾，这些业余爱好不但不会妨碍她们的事业，反而大有裨益。在每天忙碌的工作之余，做一些自己喜欢的事，有助于缓解工作压力，放松身心，恢复精力，还能提升自己的思考力和创造力，使生活变得更有情趣，生命更有意义。

二是合理膳食。多吃新鲜的水果和蔬菜，它们含有相当丰富的维生素；适量食用碳水化合物，诸如面包、谷物和马铃薯等；鱼、瘦肉和乳酪等含有蛋白质的食物是非常重要的食品，但不宜暴食，每天吃少许即可；避免油腻食物，同时也应避免吃糖类含量较高的食品，如糖果和可乐等。此外，你还应摄取其他的食物，以满足身体不同的需要，不要偏食。

三是保证充足的睡眠。如果一个人睡眠良好，那么他的身体和情绪都会放松下来。睡不着的时候，可以看书、听音乐，这些有助于睡眠。试着让自己放松下来，在白天加强运动，这样有助于进入良好的睡眠状态。

如果你经常失眠，通常是因为在睡觉前无法放松自己，因此切勿等到你精疲力竭时才停止工作。你应该在一天快结束时，做一些你喜欢做但又不会造成太大刺激的事情。你可以和你的另一半聊天、刷刷牙、整理床铺，这些动作会传达一种信息给你的身体，告诉它现在是睡觉的时间了。

综上所述，作为一名现代女性，要学会给工作减压，享受生活；也要在顾及家庭的同时，始终坚持对事业的不懈追求。

05

人情投资，人脉是重要的资本

一说到投资，大多数人都认为与钱有关，比如做生意，如果你不投入本钱，哪会有利润呢？比如炒股，如果你不投入本金，又哪会有红利呢？正所谓有付出才会有回报。在人际交往中，这个道理同样适用。只不过，在人际交往中，我们付出的并不是金钱这种成本，而是我们的感情，也就是说，这是一种感情投资。那么，这种投资会为我们带来什么"收益"呢？

每个人都渴望获得亲情、友情、爱情，也都渴望获得别人的理解、支持和信任。可以这样说：对于情感的需要是每个人最基本的需求之一。正如著名心理学家马斯洛说的那样："爱是人类的本能，我们需要爱就像我们需要碘和维生素 C 。"而感情投资正好满足了人们对这一点的要求。

然而，生活中有一些女人不懂这个道理，她们总是抱着"有事有人，无事无人"的态度。可是长此以往，她们同样会被别人抛弃。她们与人的关系只是相互利用，然后再互相抛弃，到最后还是孤家寡人一个。

顾晓谕是个喜欢交朋友的女孩，她性格活泼，又很幽默，所以总是能吸引别人的注意，并很快赢得别人的好感。虽然她总是能很快结识很多朋友，但是在她需要帮助的时候，几乎很难见到朋友的身影，因为跟她深交，成为她真正的朋友的人很少。为什么会这样呢？

原来顾晓谕是个不太会维护友情的女孩，她的表里不一让人很反感。比如，她在朋友面前总是说，无论谁有什么事找她帮忙，她都会全力以赴。可是当朋友真的有求于她时，她就会找各种借口推三阻四。有时候，她偶尔帮了朋友一个忙，总是想立即得到朋友的回报，如果朋友稍有怠慢，她就会很生气，甚至在背地里说朋友的坏话。因为这些坏习惯，朋友们都开始疏远她。所以，尽管她总能很快结识新的朋友，可是到头来她还是没有真心的朋友。

现实生活中，有许多女人像顾晓谕一样，一旦和朋友的关系确定了，就会不再用心，这样往往会忽略双方关系中的一些细节问题。比如，该告知的信息不及时告知，该解释的情况不做解释，总是自以为

"反正我们关系好，解释不解释无所谓"。结果，长此以往，与朋友之间的矛盾便会越积越深，最后不得不分道扬镳。

由此可见，感情投资不仅要坚持下去，而且不能刻意要求对方给予报答，否则将事与愿违。如果你是怀着某种企图去帮助别人，就很容易被别人看穿心思，那么你想和他建立真正的友情似乎就不太可能了。

那么，具体来说，我们该怎样用感情投资来获得友情呢？其实，想要达成这个目标很简单，那就是真心对待每一位朋友。真心地去理解对方，关心对方，替对方着想，这比一顿饭、一件礼物更为重要。

《水浒传》中的宋江，论武艺、论家世、论财富都不是一流的，可为什么他在众多梁山好汉中脱颖而出，坐上了梁山的第一把交椅呢？正是因为他在感情投资方面做得十分到位，这才积攒下来了众多的好人缘，这一点从"及时雨"这个绰号中就可见一斑了。

由此可见，真诚地帮助别人其实是最有效的一种感情投资。所以，在人际交往中，你一定要真心帮助他人渡过难关或攀登高峰，这样既锻炼了自己，日后也会得到回报。

或许有人会说，感情是不能用金钱来衡量的，把感情和投资联系起来，似乎有玷污感情的嫌疑。但是，感情投资所付出的不是金钱，而是一个人的真心真意，所以这种付出不仅没有玷污感情，而且使感情更加生动和鲜活。学会感情投资是每一个想要获得良好人际关系的女人的必修课。

06

远离职场损友，避免被人当枪使

女人最好先学会拒绝交职场损友。现代社会激烈的竞争会带来各种冲突和麻烦，在你看不见的背后，很多人的行为让人感到莫名其妙，为一点儿小利益就会不惜一切，干出损人利己的事来。因此，作为职业女性，要想在职场生存，防人之术是你必须学会的本领，学习巧妙地化险为夷，以减少不必要的麻烦。即使你不屑与小人为伍，以下这些小人你也不得不防。

第一种，八卦小人。八卦小人是指那些谣言的制造及传播者。他们往往不顾事实的真相，只会捕风捉影，别人的一点点事只要经过他们的传播，马上就会变得满城风雨。他们最擅长的就是把没有影的事情说得绘声绘色，如同亲见一般。比如，有个女同事升职，他们就会立刻编造出升职者获得提升是因为巴结上司、靠裙带关系等谣言。这种人唯恐天下不乱，经常兴风作浪。职场中的这种小人，是忌交往的重点对象。

第二种，不负责任的人。这种人没有责任观念和意识，他们最会做的事就是偷懒，往往该做的事拖到最后都没做。一旦出现了问题面临被责罚，他们的第一反应便是把责任推卸给别人，他们最常说的话就是"这不是我的错！"。他们不但喜欢否认自己的过错，还会经常责骂其他人，然后找借口来掩饰自己。这是典型的"归罪于外"心态。

第三种，双面小人。这种人通常在你面前讲一套，在你背后跟别人又说另一套。不论他们在你面前说得有多么动听，你也难保他们不会一转身就在别人的面前出卖你，议论你的是非。我们很难知道这种小人心里到底在琢磨什么，因此还是离他们远一些比较好。

第四种，爱贪小便宜的人。这种人目光短浅，往往只顾眼前利益。这种人在社会和职场中最为常见。爱贪小便宜的人不但自己没什么发展前途，而且会为了贪小便宜而出卖团队或一起工作的伙伴，因一己之私而影响大局。这种小人可能有一些小聪明，他们懂得利用你的信任为自己谋私利，因此你需要有一双慧眼才能准确地看穿这种人。

第五种，善于阿谀奉承的人。善于阿谀奉承的人喜欢拍马屁，擅长以美言来打动他人的心，在上级面前更是殷勤。当你在职场中遇到这类同事的时候，你一定要小心谨慎，避免与其成为朋友，但是也没必要得罪对方。

第六种，爱挑拨离间的人。爱挑拨离间的同事不会把你当作真正的朋友，因为"来说是非者，便是是非人"。他既然会在你面前说他人的坏话，同样也会在他人面前讲你的坏话。他们对于是非津津乐道，是因为他们的嫉妒心过于旺盛，他们心里永远期盼着别人越来越倒霉，越来越困窘。如果这类人成了你的同事，那么你一定要谨言慎行并与他保持距离，当他找你抱怨的时候，一笑了之便可，切记不要和他一起数落他人的不是，否则你就变得和喜欢挑拨离间的人没有什么区别了。

第八章

婚姻是女人一辈子的修行

无论是什么地方，激情之爱都不曾被视为婚姻的充分必要基础；相反，在大多数文化中，它都被视为对婚姻的不可救药的损害。

01

选好自己的人生伴侣

每个女人都希望自己能有一个好的伴侣，也都希望这个伴侣可以陪伴自己终身。然而，很多女人在婚后发现，自己当初的选择和决定其实是错误的。很多女人在发现问题以后，要么选择沉默忍受，要么选择离婚。

女人不一定非得嫁一个优秀的成功男人，但要成为一个幸福的女人，一定要嫁最适合自己的男人。然而现在这个社会，有多少女子在"围城"内外苦闷、徘徊、彷徨，皆因未觅得最适合自己的男人。

在医学界有一句俗语："最好的治疗方法就是预防。"如果女人能够加强自己的判断能力，使自己能够清醒地按照自己的意愿去选择适合自己的伴侣的话，相信就不会有那么多不幸的婚姻了。

其实，最适合自己的那个男人，不一定是有钱、有权的成功男人，钱、权与婚姻幸福指数未必是正相关。最适合自己的男人，在女人自己的眼里一定是优秀的、有魅力的。

寻觅那个最适合自己的男人，切忌只把眼光放在他的身高和外貌上，这样往往会因一时冲动换来终身的遗憾。那么，究竟怎样才能擦亮眼睛找到最适合自己的伴侣呢？以下七点值得注意。

第一，他结交的朋友的品性如何。因为一个人的品性高低可以通过他所交的朋友看出来。此外，如果一个男人身边有太多的女性朋友，那么就该慎重考虑。

第二，他是否喜欢小孩。一个能够和小孩子相处得很好的男人，将来一定会是一个好父亲。相反，一个对小孩子十分厌烦，而且不愿意与小孩子亲近的男人，很难成为一个好父亲。

第三，他是不是一个守时的人。如果他和你约会每次都迟到，那么就可以证明你在他心中的位置并不重要。因为与其他事情相比，和你约会这件事应该排在后面。另外，一个人是否守时，也能看出他的生活态度与做人原则。

第四，他怎样评价别人，要特别注意他对前女友的评价。因为尊重前女友的男人是大度的，如果他刻意诋毁前女友，那还是小心为妙。

第五，他对母亲的态度如何。一个男人对母亲的态度可以直接反映他对女性的态度。如果他对母亲十分好，那么就说明他比较尊重女性。不过，你们需要注意的是，如果他对母亲过于言听计从的话，则表明他很可能有很强的依赖性。

第六，他是怎样对待事业和家庭的。男人绝对不能没有事业心，但如果他的事业心太重，他花在家庭上的时间就会很少。而且，太醉心于事业的男人，大多有指挥他人（包括女人）的欲望。与事业心太重的男人相处，最大的伤害是精神方面的。譬如，你要他陪你逛街，他说没意思；你要他陪你看电影，他说没时间。他事业取得了成功，你也跟着风光，但那是别人看到的，别人看不到的是你的孤独。

第七，他的人生观是否和你的一致。人生观一致是婚姻幸福的重要因素。找一个和你拥有一致的人生观的人，你们的婚姻生活才能幸福快乐。

02

切记，婚姻不只是两个人的事

聪明的女人从来不会想要独占一个男人，更不会视他的家人和朋友为陌路。她们会用博大的胸襟接受他的家人和朋友，因为他们都是他生活的一部分。

女人永远要记得：爱男人的同时，接纳他的家人和朋友，才是对他的尊重。

亲情非常珍贵，任何一个爱你的男人都不会为了你而冷落他的家人。况且，如果他真的这样做了，他还值得你去爱吗？加入一个全新的家庭，成为他家里的一分子，的确需要一个适应的过程。但是，如果你爱他，那么就该学会爱屋及乌，就要试着接纳、理解、关爱他的家人。

当他对你百般温柔的时候，你是否想过，是他的父母含辛茹苦地把他养大，让这个世界上多了一个爱你的人。难道，他们不值得你的尊重和感激吗？

当他的兄弟姐妹生活拮据的时候，你是否想过，他们也曾与你的爱人一同长大，一同经历过很多事情，也给过他很多包容和友爱。难道，他们不值得你去关爱吗？

当他的朋友陷入困境的时候，你是否想过，他们也曾与你的爱人共事，在他陷入人生低谷的时候给了他最大的鼓励。难道，他们不值得你拉一把吗？

歌德曾说："无论是国王还是农夫，只要家庭和睦，他便是最幸福的人。"家是世界上最温暖的地方。只有处理好和家里每一个成员的关系，才能得到一个幸福美满的家庭，锱铢必较只会让自己更累。所以，一个聪明的女人会把对丈夫的爱分一点儿给他身边的人，和他的亲朋好友维系好关系，让自己的丈夫少一些后顾之忧，不让他在亲友面前左右为难。

03

男人都怕女人喋喋不休

女人唠叨是因为在乎，但凡事要有度，若是喋喋不休，男人就会变得无所适从，进而对女人产生反感，甚至绝望。日后，他们很可能会视女人的话为耳边风，会变得懒得搭理，最后对女人的举动熟视无睹。

刘一秋的老公是中学物理老师，在批改作业、研究课题的时候，最渴望安静的环境。可是，每每他刚坐下来，刘一秋的唠叨声就不绝于耳，一会儿让他把鞋子放到门口，一会儿问他把袜子放到哪里了，一会儿又说隔壁的王阿姨怎么怎么了，再不就是怪他不懂体贴，等等。平时，老公认为刘一秋的声音是很好听的，但此时觉得刘一秋怎么就像只乱飞的小蜜蜂，扰得他心烦意乱，让他作业看不下去了，问题也想不下去了。

后来，老公就想了一招，因为他知道刘一秋早上不爱早起，自己早上就偷偷爬起来，蹑手蹑脚走出卧室，来到客厅，开始研究自己喜欢的课题。

可是，还没等他理清楚头绪，隔壁就传来了刘一秋的唠叨："天天晚睡早起，你身体怎么能受得了啊！你就不能让我省一省心吗？"无奈至极的老公只好停止工作，没吃饭就上班去了。

女人的温柔和细心照顾，会让男人感觉舒心，可是女人若是时时刻刻叮嘱男人，即便男人知道你是在关心他，也会产生逆反心理。换位思考一下：如果一个人整天在你的耳边说个不停，给你制定许多条条框框，你会不会因别人的唠叨而感到疲倦？所以，应适度地关爱，适时地沉默。

那么，如何把握适度和适时呢？

首先，要学会理解男人。不要一开始就说个没完，要学会尊重男人的想法。你可以试着以聊天的方式与他展开交谈。比如："我没有要怪你的意思，我只是想和你聊聊今天发生的事，听听你的建议。"

其次，要学会尊重男人的独立性。当他心情不好时，陪他安静地坐一会儿是不错的选择。千万不要唠唠叨叨，否则只会让情况变得更糟糕，或是让他默然离去，或是让他大发雷霆。相信这两种局面，都不是女人想看到的。

最后，要学会保持冷静，在不愉快的事情发生时千万不要不停地唠叨、埋怨，而应当在双方都冷静下来后，再讨论这些事情。如果是微不足道的事，一定不要再提起。你如果认为事情很重要，就心平气和地和他谈谈，在理智与心情平静的情况下，利用相互信任和合作来解决问题。聪明的女人懂得找好时机，用温柔的方式表达自己的想法。比如："你今天累了，你先休息，我不吵你，等你心情好的时候我们再说话。"如此一来，休息好的他会有更好的情绪来照顾你的情绪。

一位心理学家说过："一个男人能否从婚姻中获得幸福，他将要与之结婚的人的脾气和性情比其他任何事情都更加重要。一个女人即使拥有再多的美德，如果她脾气暴躁又唠叨、挑剔、性格孤僻，那么她所有的美德都等于零。"

所以，女人一定要时刻提醒自己，不要喋喋不休。该沉默的时候就沉默，也许你会有意外的收获。

04

争吵有度，和好有方

很多女人都知道，宽容是为人处世之道，是处理人际关系不可缺少的钥匙。她们在外面与陌生人打交道的时候，会保持客气和礼貌的态度，即便与人发生了一些矛盾，也会劝自己要忍让。回归到婚姻生活之后，她们却把这一点抛在了脑后，常常为了一些鸡毛蒜皮的小事和爱人吵得不可开交。她们认定丈夫是和自己最亲近的人，更容易原谅自己。

"事临头，三思为妙；怒上心，一忍最高。"这句话，用在婚姻中再合适不过。凡事忍一忍，你才会有时间让自己冷静下来，分析争吵的原因。试着这样做几次，你就会发现，你们的争吵其实都是为了子女好，这样一想，你的火气就会降下来，一场争执就很快消解了，夫妻之间也会更容易达成共识。反之，遇到矛盾的时候，如果冲动占了上风，一场争执就在所难免了。

杨子清是一个悬疑推理小说家，每次写作的时候都会达到忘我的境界，这个时候的她最反感别人的打扰了。她的老公很理解她，会自觉地给她提供一个相对安静的环境，让她不被打扰地创作，这让杨子清分外感激。

有一天，老公的亲戚来他们家做客。这个时候杨子清正在苦思冥想故事情节，根本就没有发现家中来了客人，于是也就没有主动打招呼。面对这样的冷落，客人看在眼里，脸上便有了不悦之色。老公显得很尴尬，于是，突然大声指责她说："你没看见家中有客人吗？怎么还一个劲儿地写你的小说，赶紧给客人倒水去！"

从来没有被老公这样支使过的杨子清很难过，再加上老公打断了她的思路，于是火气一下子在心里升腾起来，她立即反击道："我写小说是在工作，又不是在玩，我有什么错让你发那么大的火？你就不能自己去倒水吗？"

看到他们硝烟弥漫的家，客人也觉得无趣，没多久就走了。事后，夫妻二人冷静下来才意识到自己的冲动，如果当时自己能冷静对待，好好沟通，局面就不会变得这样尴尬了。但是，事情已经发生了，后悔也于事无补。

那么，如何才能让你和爱人之间保持和谐融洽的关系，少发生争执呢？

首先，包容。家庭生活是一门讲究包容的艺术。一对陌生男女，相识、交往后开始共同生活，两个人的生活方式、饮食起居、消费习惯等总会有差异，因而夫妻间难免会有磕磕绊绊，会发生争执。一旦发生争执，必须有一方要包容对方，否则只会使争执升级，导致两败俱伤。所以，幸福家庭中的夫妻一定都是善于包容对方的。

其次，谦让。夫妻吵架，不管谁赢都达不到解决问题的目的。夫妻吵架往往是各讲各的理，根本听不进对方的话。为了使夫妻间的感情不受到伤害，夫妻间一定要互相谦让，不要非得争出输赢。

最后，示弱。在年轻夫妻中，任性、好胜、以自我为中心者不在少数。小两口闹意见、生闷气、谁也不理谁的情况很普遍。其中，又多是性格内向的一方首先进入无言的状态。当夫妻间发生争吵后，为了避免事态恶化，其中一方最好主动示弱。

总之，再有默契的夫妻也会有意见分歧的时候，甚至一点儿小事都可能成为引发争执的导火索。夫妻之间，磕磕绊绊是很正常的事情，多一点儿宽容，多一点儿忍让，你会发现，其实根本就没什么值得争吵的事。

第九章

一生的资本
内心丰实是女人幸福

如果把自己放在首位，你就一定可以走出一条非同凡响的人生道路。

01

内在不较劲，外在不抱怨

"身体越来越不好了，动不动就头痛，真让人心烦……"

"物价上涨，日子越来越难过了……"

"老公没有一点儿上进心，得过且过，太过懒散……"

这些话看似是毫不相干的，但仔细揣摩，无疑都是在抱怨。我们有时候总渴望通过这些抱怨得到些什么，譬如同情、帮助、认可等。可实际上，抱怨真的能帮人实现心愿吗？一切都是妄想，结果只会越来越糟糕。

生活中有些人喜欢抱怨自己身体不舒服的经历，他们并不是真的生病了，只是在内心有这样一种想法："病人总会得到他人的同情与关爱。"这一点儿不假，人都有恻隐之心，看到自己身边的人遭受病痛的折磨，肯定会给予一点儿关心。但是，如果一味地抱怨，不掌握好度，就只会招人反感。想要通过抱怨得到他人长期的同情，或者让生活得到改善，根本就是不可能的事。

抱怨的本质就是人们想通过抱怨的途径得到什么，但事实证明，不管从哪个方面说，抱怨都会让你得不偿失。因此，聪明的人应当考虑用正当途径得到自己想要的东西，抱怨永远只能让你成为最大的受害者。

归根结底，抱怨无用，它不能证明你自己，也不能解决问题，只能让你丧失理智，导致事情恶化。所以，不管什么时候都要记住一点，我们的目的不是发泄情绪，而是要解决问题。

02

让自己永远保持快乐的姿态

　　一个快乐的女人，一定拥有一颗淡泊豁达、乐观向上的心，因为乐观，所以才会以极平和的心态面对一切，散发出一种独特的魅力，才会让这颗心像水晶一样透明干净。

　　快乐的女人充满仁慈，内心充满爱，她会因为清晨的朝阳而欢欣，为一朵花的盛开而惊喜，哪怕只是一只离巢的小鸟回到巢里，对她来说也是一件快乐的事。她会满足于上天的赐予，哪怕上天只是给予她一滴水。她因为懂得感恩，所以总是乐观向上。

　　幼儿园老师决定让她班级的孩子们做一个游戏。她告诉孩子们每

人从家里带一个口袋，里面装上番茄，每一个番茄上都写自己不开心的事。

第二天，每一个孩子都带来了一些番茄，有的是两个，有的是三个，最多的是五个。然后老师告诉孩子们，无论到什么地方都要随身带着这个装了番茄的袋子。

随着时间一天天地过去，孩子们开始抱怨了，袋子中发霉的番茄所散发出的难闻气味使他们不堪忍受，特别是那些带着五个番茄的孩子更加痛苦。一周后，游戏结束了。

老师问他们："在这一周的时间里，你们对随身带着番茄有什么感觉？"孩子们纷纷沮丧地表示，带着番茄袋子行动不便，还有就是番茄发霉后散发的气味让他们太难受了。

这时，老师笑呵呵地告诉他们做这个游戏的意义。她说："在我们的生活中，让你不快乐的事越多，你身上的负担就越重，就越不容易得到快乐。因此，放下心中的不满与怨恨，得到的便是轻松与快乐。"

一个真正的快乐女人，她的快乐不是仰仗他人给予的。如果一个人把希望寄托在他人身上，那他一定不会快乐太久。女人要知道，快乐来自自己的心灵，如果你非要用物质的多少来衡量幸福，那么你永远也无法体味到幸福。所以，要做一个快乐的女人，从现在起修炼自己的内心，幸福与不幸福、快乐与不快乐是一种态度，一种源自内心深处对待生活的态度。

03

记住，没有谁值得你嫉妒

嫉妒是一种不良的心理状态。当看到别人比自己强，或在某些方面超过了自己时，心里就酸溜溜的不是滋味，于是产生一种包含着憎恶与羡慕、愤怒与怨恨、猜疑与失望、屈辱与虚荣、伤心与悲痛的复杂情感，这种情感就是嫉妒。

嫉妒通常只能让女人徒增烦恼而已。事实上，往往你的嫉妒心理越重，你身上的负担就越重，你的心灵也就不会得到快乐。

培根曾说过："嫉妒这恶魔总是在暗暗地、悄悄地'毁掉人间的好东西'。"莎士比亚也说过："嫉妒是绿眼妖魔，谁做了它的俘虏，谁就要受到愚弄。"

心怀嫉妒的女人，总是贪心地想让自己比别人更漂亮、更幸福、更成功。如果发现有谁比自己强，她们心里就会不舒服，还会想方设法去阻碍别人的发展和成功，甚至不惜采用卑鄙的手段。可是，这种损人不利己的行为，结果只能是搬起石头砸了自己的脚。

赵敏出生在一个小县城里，家境很普通。从小她学习就很刻苦，为的就是将来有一天能考上大学，改变自己的命运。功夫不负苦心人，经过十几年的刻苦学习，她终于得偿所愿，考上了一所北京的大学。全家人都为她感到高兴。赵敏自然也很兴奋，觉得自己的命运即将改变。

赵敏从小嫉妒心就很强，如果哪个女同学穿了一件漂亮衣服，她心里就会不高兴，会在背地里说人家臭美；如果哪个同学的成绩比她好，她会更不舒服，会在背地里诋毁人家。

到了大学之后，赵敏的嫉妒心更强了。只要发现别的同学哪方面比她强，她就眼红；只要其他同学取得了好成绩，她心里就酸溜溜的。而且，她总是抱怨自己生在一个并不富裕的家庭。别的同学得到了奖学金，她就会嫉妒得夜里辗转反侧，无法安睡，时常埋怨上天的不公平。

最让她看不惯的是与她来自同一所县城、同一所高中的同学周萌。原来在高中的时候她们俩的成绩一直不分上下，可是上了大学之后，周萌在各方面都比她表现得更优秀，而且被选为班长，这让赵敏更加嫉妒了。为此，她常在背地里跟其他同学说周萌的坏话。大家看出了她是嫉妒周萌，所以都开始疏远她。

但是，赵敏并没有反省自己的错误，在大二下学期的一次考试中，她为了得到高分，超过周萌，竟然到办公室偷试卷。结果，东窗事发，学校教务处给了她处分。

黑格尔说过："有嫉妒心的人自己不能完成伟大事业，便尽力地低估他人的伟大，贬抑他人的伟大性使之与他本人相齐。"有些人不能取得成功，并不是因为他的能力不够，也不是因为他没有机会，而是因为被嫉妒冲昏了头脑。

因为嫉妒，所以人们总会拿自己的短处去和别人的长处相比，嫉妒心重的人会让自己变得愚蠢，看不得别人的长处，也无法透彻地了解自己。所以，你如果想成为一个幸福的女人，就一定要学会敞开胸襟，平和地看待比自己优秀的人，不要妄自尊大，也不要妄自菲薄。

嫉妒犹如野草，稍一放纵便蔓生滋长，给自己的生活蒙上一层阴影。英国哲学家培根就曾经指出："在人类的一切情欲中，嫉妒之情恐怕要算作最顽强、最持久的了。"

女人不仅要克服自己的嫉妒心理，还要淡化他人对你的嫉妒心，所以以下几点需要引起足够的重视。

第一，要心胸宽广，开阔眼界。要知道"人外有人，天外有天"，比你强的人有很多很多。

第二，要尊重别人。俗话说，若要受人尊重，先要尊重别人。要敢于正视别人的优点和长处，要学会欣赏某些方面超过自己的人。

第三，介绍自己的优势时，强调外在因素以冲淡优势。如一件事办妥了，不要强调"我"，而将功劳归于"我"以外的外在因素——"群众"。于是，"我"的优势在无形中便被淡化了。

第四，言及自己的优势时，不宜喜形于色，应谦和有礼以淡化优势。面对别人的赞许恭维，也应谦和有礼。这样，不仅显示出自己的君子风度，淡化别人对你的妒忌，而且能博得他人对你的敬佩。

第五，突出自身的劣势，故意示弱以淡化优势。当你处于优势时，注意突出自身的劣势，这样就会减轻妒忌者的心理压力，从而淡化乃至免除对你的妒忌。

第六，不宜当众给人以厚此薄彼之感。在众人面前谈到某群体中的某人时，你若说"我们很要好"之类的话，别人很容易产生"你厚他薄我"的被冷落感。

第七，强调获得优势的艰苦历程以淡化妒忌。如果我们的优势确实是通过自己的艰苦努力取得的，那么不妨将此艰苦历程告诉他人，以引人同情，减少妒忌。

孔子说过："己欲立而立人，己欲达而达人。"人生在世，一定要有一颗平静和睦的心，切不可心怀嫉妒。别人有所成就，不要心存嫉妒，应该平静地看待，而且要有取得比别人更大的成功的信心，这才是幸福人生的秘诀。

04

走出不平衡的心理误区

不平衡的心理使一部分女人处于焦躁、矛盾、激愤之中，使她们满腹牢骚，不思进取，日子得过且过，更有甚者会铤而走险，玩火自焚，走上危险的钢丝绳。

心理不平衡会成为工作和人际交往的障碍，由于不能用理智来评价自身，也就不能客观公正地去评价别人，从而无法赢得别人的理解和信任；由于总是把自己的观点强加于人，势必会造成别人的反感，在人际交往中产生一种心理对抗；由于心理不平衡难免会与人发生争执，从而影响与人的思想交流和融洽相处。不平衡而过于固执就无法与人沟通，会使你处于孤立无援的境地，最终导致怀疑自己的能力，甚至丧失自信心。

女人的不平衡心理追根究底是虚荣心在作祟。有人曾说："虚荣的女人是金钱的俘虏，虚荣的男人是权力的俘虏。"虚荣是一种不良的心理情绪，虚荣心是一种被扭曲和夸大了的自尊心。虚荣心重的女人总是爱听别人的赞美和好话，对人表面热情，内心却十分冷淡，而且她们喜欢出风头，爱摆阔气。

表面上来看，虚荣的女人自尊心似乎很强，她们总是迫切地希望得到赞美和荣誉，但实际上这是她们极度自卑的体现。因为虚荣的背后必定是对自己某方面的不满，所以渴望借助在其他方面的夸张来吸引人们的注意，用以掩盖和弥补自己的缺陷。

法国文学家莫泊桑的著名小说《项链》写的就是一个关于虚荣心的故事。

小说的主人公叫玛蒂尔德，出生于一个小职员家庭。虽然家境普通，但玛蒂尔德却长得稍有几分姿色，这给了她虚荣的资本，她不甘心过平凡的生活。可是，心比天高，命比纸薄，因为没有嫁妆，没有可以指望的遗产，所以那些名门望族根本不会娶她，最后，她只好和一个小职员结婚。

结婚后的清贫生活跟玛蒂尔德之前幻想的奢华生活有着天壤之别，她过得很不幸福，内心充满痛苦。有一次，她的丈夫带回了一张宴会的请帖，可这让她犯起愁来，因为她没有像样的衣服和首饰去参加这场宴会。丈夫为了满足她的要求，用准备买猎枪的四百法郎给她做了一件新裙子。但首饰怎么办呢？后来，她从好友那里借来了一条钻石项链。

宴会的日子到了，她戴着项链在宴会上出现，引起了全场人的赞叹和奉承。那天她出尽了风头，虚荣心得到极大的满足。她沉醉在欢乐里，觉得自己是世界上最骄傲、最幸福的女人。

然而不幸的是，在回家的路上，这条钻石项链丢失了。为了赔偿这条价值三万六千法郎的项链，她负债累累。她为了还清债务，在此后的十年里过着更加悲惨的生活。可当债还清时，她才知道，当初的那条项链是假的，最多值五百法郎。

莫泊桑并没有给这篇小说写一个清楚的结尾，到了这里就戛然而止，给读者留了巨大的想象空间。对于女主人公玛蒂尔德来说，最悲惨的事情不是欠下了巨额的债务，而是过了十年惶惶不可终日的生活，而这一切都源于她的虚荣心。

其实，世上每个人都想要拥有一定的荣誉和地位，这是十分正常的心理需求。然而与此同时，我们应该明白的是，追求的荣誉和地位必须与自身的才能一致才有实现的可能。如果"打肿脸充胖子"，过分追求荣誉，炫耀自己，就会使自己的人格变得扭曲。同时也应正确看待挫折，从中总结经验，这样才能建立自信、自爱、自立、自强之心，从而消除虚荣心。

要想消除虚荣心，必须建立自信心。虚荣的女人内心必定极不自信，或者说她们的自信心往往是建立在一些自己虚构出来的假象之上的，是极不牢固的。所以，为了摆脱虚荣心的困扰，女人一定要建立起自信心。

要在生活中追求真、善、美。女人如果懂得追求真、善、美，那么就不会通过不正当的手段来炫耀自己，当然也就会远离虚荣。

不要盲目攀比。如果总是横向地去跟别人比较，那么心理永远都无法平衡，虚荣心自然就会越发强烈。如果一定要比，那么就跟自己的过去比，看看自己各方面有没有进步。同时，也要正确看待他人的优越条件和成绩，把这当成你前进的动力。

另外，我们还要不断提高自我修养。爱慕虚荣是一种心理疾病，俗话说"心病还需心药医"。所以，不断积极努力地提高自己的内在素质和修养，也是克服虚荣心的一个好办法。

不要事事苛求完美。每个人或多或少都有一些完美主义倾向，只不过不要让追求完美达到一种近乎苛刻的状态，否则就会无形中让自己背上重担，虚荣心也会随之而来。所以，适当地卸下追求完美的重担，让自己轻松一些，也让虚荣心离自己远一点儿。

虚荣心是人生前进道路上的绊脚石，是生命中的累赘。只有彻底摆脱虚荣心的奴役，才能活出轻松而又自信的人生。如果你想获得个人的自信和幸福，你必须将虚荣心从你的生命中根除掉。

人的欲望是无限的。虚荣的心理也会随着你的欲望越来越大而变得越来越强烈。所以，如果你不懂得坦然面对自己的工作和生活环境，就没办法走出欲望与虚荣的泥沼，反而会在其中越陷越深。为了拥有健康的人生，你一定要远离虚荣，走出不平衡的心理误区。

05
不要被自己的欲望绑架

购物欲对于大多数女人来说似乎是一种本能，并没有什么特殊的形成原因，就像猫儿喜欢鱼一样平常。只不过，有些女人的这种购物欲望慢慢发展成了一种病态，达到了难以控制的地步，结果就变成了购物狂。变成购物狂的女人对商品有一种病态的占有欲。在面对琳琅满目的商品时，她们会毫不犹豫地大掏腰包，哪怕是对自己来说毫无用处或是重复购买的商品。当然，这样做不仅会让她们的钱包变得空空如也，甚至会让她们债台高筑。

电影《购物狂》集中展现了几种不同类型的购物狂。国际学校幼儿园教师芳芳带着一大帮学生到商场进行活动教学，谁知，她无意中看见了自己喜欢的名牌服装，购物欲难以控制，于是便丢下一班的小朋友，忘我地购物。结果学生四散，芳芳最后难逃被解雇的命运，甚至还被家长们告上了法庭。但是，就算被官司缠身，芳芳仍不忘购物——为出庭应诉买新衣服。由于丢了工作，又没有多少积蓄，所以不久之后芳芳就欠了一身的债。

法官发现芳芳购物成狂，于是便请来精神科医生小凤为她进行心理评估，结果显示，无父无母、由孤儿院修女养大的芳芳是一个天生的快乐购物狂，没有心理疾病，一切都是基因在作怪。小凤为她介绍了一位心理医生，希望她去接受治疗。后来，在心理医生的帮助下，芳芳逐渐改掉了疯狂购物的习惯。

不久，芳芳遇到了一个购物时喜欢与别人抢东西，可抢到手后又会后悔的男人何穷富。芳芳认定穷富同样有购物狂症状，建议穷富去看医生。但穷富生性吝啬，嫌看医生费用贵。芳芳以为穷富跟自己一样债台高筑，便同情穷富，充当起医生，教穷富治疗购物狂这种心理疾病的省钱方法。没想到，穷富原来是城中上市集团的大老板，坐拥百亿身家，他把芳芳教他的省钱方法用在生意上，令公司大赚了一笔。而且在芳芳的指导下，他也慢慢控制了疯狂的购物欲望。

电影里还有一个殿堂级的购物狂，那便是精神科医生小凤。她买的东西多到要用仓库来存储。幸运的是，最后这几个购物狂都改掉了恶习，而且都找到了自己的意中人。

电影里的芳芳是幸运的，不仅改掉了恶习，还遇到了意中人。

欲望就像尘埃一样，一旦风起，便会飘浮起来，使心灵浑浊不清，难以安定从容，难以生出清澈的智慧，难以积淀生命的底蕴。女人一旦被这些浮躁的心态左右，就会变得心烦意乱、六神无主。

有人曾说："学习离开所依恋的负面欲望，才算真正成熟过来，否则难以胜任女人诸多的社会角色，也无法摆脱受控的心魔。"

孟子曰："养心莫善于寡欲。"所以，作为一个女人，一定要持平常之心，戒贪欲之念，淡泊名利，这样才能做到珍爱自己。

后记
afterword

强大的女人该做的与不该做的事

三十岁之前

　　▫ 多学习，多看书，多思考，不断提升自己。永远记住：只有自己变强才能改变命运。

　　▫ 任何时候不要错过一切可以锻炼自己的机会。

　　▫ 要注意选择跟什么人交朋友。社会中的人脉非常重要，而你选择加入的社交圈会对你的人生产生很大的影响。跟优秀的人交朋友，可以让你的人生产生很大的改变，优秀的人会让你变得更好。

　　▫ 重视自己的身体。身体是最重要的，千万不要为了这样或那样的理由不顾自己的身体健康。未来的生活多么美好，而你若是以一副生病的姿态去迎接它，是不会感觉到它的美好的。

　　▫ 年轻的时候不要错过谈恋爱，不要太过矜持，每天把自己打扮得漂亮、可爱一点儿，认认真真地爱一次。只有经历了才会懂得，大多数女人需要一次刻骨铭心的爱，在选择未来伴侣的时候，才会拥有更多理性。

¤理智地对待自己的感情。感情的事情并不是谁都能理智对待的，不要因为失败的感情而让自己活在痛苦之中。记住，不懂欣赏你的男人，没有资格让你为他难过。离开那个不懂欣赏你的男人，这就是最华丽的转身。让感情的痛苦反复折磨你反而会让自己没有精力经营工作和学习。

¤学会收敛自己的脾气。生活里会遇到很多不公平的事情，也会遇到很多让你无法接受的人，我们改变不了别人，就只能改变自己。遇到不平之事，与其非常愤怒地大声指责别人的行为，不如怀着理解的心态给对方一个微笑。心若向暖，便是春暖花开。我相信，任何一个人都不忍心伤害一个温柔善良的人。

三十岁至四十岁

¤拥有闺蜜可以让你了解自己，丰富自己的生活，控制好自己的感情，让自己拥有纯粹的友谊。

¤如果你爱的人要离开，不要毫无尊严地去挽留，就当他们是一片美丽的风景，但绝不需要你留下来做园丁。如果你决定和你爱的人结婚，不要在乎主动付出，能有值得自己付出的人也是一种幸福。

¤你可以不做一个女强人，但是要拥有自己的工作，这是你在社会上安身立命的资本。如果你的事业心实在不强，至少要做一些自己喜爱且有意义的事情，不要只喜欢吃饭、睡觉和看电视。

¤在时间和金钱允许的情况下，不妨出去旅游，既放松又长见识。实在没钱、没时间，可以骑自行车去郊外转转，呼吸新鲜空气。好心情是自己创造的，要懂得生活。

¤要热爱工作和生活，做一个经济独立、思想独立的女人。在这个前提下，找个尊重你的人生伴侣。

四十岁以后

¤青春岁月已无情地流走，四十岁以后的女人气质最重要。气质离不开内涵，感谢你曾经读过的书和奋斗自省、乐观付出的经历吧。记住：气质是装不出来的。

¤关注自己的健康。四十岁之后的身体相当于一辆已经行驶了十四万公里的汽车，随时都有抛锚的可能，务必做到每年检查一次身体。

¤在职场上无须过于计较。有一份自己喜欢、愿意为之努力的工作便可，大可不必在职场拼得你死我活。但可以为自己的事业奋斗。

¤富有于心，成熟于智，坦然面对这个年龄，不要为过去惆怅，也无须为将来迷茫。春去秋来，花开花落，冥冥之中自有安排。